知物
TO KNOW

看得见的建筑奇迹

探索全球50座伟大建筑的秘密

[波]米查特·加津斯基 著
舒丽苹 译

机械工业出版社
CHINA MACHINE PRESS

人类历史上创造过很多建筑奇迹，这些建筑奇迹不仅是世界工程史上的奇迹，也是世界文明史上的奇迹。本书从建筑物的设计、结构、材料、细节、文化底蕴等方面介绍了全球50座伟大的建筑，包括肯尼迪航天中心、长城、埃菲尔铁塔、吉萨大金字塔、斯瓦尔巴全球种子库、五角大楼、巨石阵、苏伊士运河、泰姬陵、悉尼歌剧院、国际空间站等，通过大幅的插图，以及有趣的事实、符号和图表，向读者一一介绍了隐藏在这些建筑背后的秘密。

图书在版编目（CIP）数据

看得见的建筑奇迹：探索全球50座伟大建筑的秘密/（波）米查特·加津斯基著；舒丽苹译. —北京：机械工业出版社，2020.5

书名原文：World Wonders：Discover the Secrets of Our Planet's Iconic Structures

ISBN 978-7-111-65092-8

Ⅰ.①看… Ⅱ.①米… ②舒… Ⅲ.①建筑艺术-介绍-世界 Ⅳ.①TU-861

中国版本图书馆CIP数据核字（2020）第042767号

机械工业出版社（北京市百万庄大街22号　邮政编码100037）

策划编辑：黄丽梅　　责任编辑：黄丽梅　赵　屹　卢婉冬

责任校对：王　延　　责任印制：孙　炜

北京利丰雅高长城印刷有限公司印刷

2020年5月第1版第1次印刷

210mm×285mm・9印张・2插页・192千字

标准书号：ISBN 978-7-111-65092-8

定价：129.00元

电话服务	网络服务
客服电话：010-88361066	机　工　官　网：www.cmpbook.com
010-88379833	机　工　官　博：weibo.com/cmp1952
010-68326294	金　书　网：www.golden-book.com
封底无防伪标均为盗版	机工教育服务网：www.cmpedu.com

看得见的建筑奇迹

探索全球50座
伟大建筑的秘密

目 录

50 座伟大建筑的具体位置

奇迹分类

- 工程类奇迹
- 文化类奇迹
- 历史类奇迹
- 技术类奇迹

西伯利亚大铁路
亚洲
紫禁城
长城
三峡大坝
泰姬陵
台北 101
迪拜
哈利法塔
吴哥窟
吉隆坡石油双塔
防兔围栏 & 防澳洲野犬围栏
大洋洲
悉尼歌剧院

前　言

几千年以来，人类一直在持之以恒地创造出奇迹般的伟大建筑。要知道，我们祖先所掌握的技术、所使用的工具，远比现如今大家认为理所当然的技术、工具要落后得多，然而他们所拥有的梦想、信念、雄心壮志，相比于今人则是有过之而无不及。通过默契的合作、严密的组织以及极具天赋的开创性思维，古人总是能够取得一些难以置信的伟大成就：从令人叹为观止的埃及金字塔，到复活节岛上神秘的摩艾石像，再到罗马斗兽场复杂的结构以及帕特农神庙令人咋舌的艺术造诣……这一切的一切，都是人类祖先留给我们的宝贵财富。

随着时代的发展，人类的能力范围也在逐渐扩大，一个具体表现是：我们这颗星球上的建筑物变得越来越高、越来越大，所使用的建筑材料也越来越先进。钢铁材料的广泛使用，让以世界贸易中心为首的一大批摩天大楼直冲云霄；混凝土以及先进涡轮机技术的运用，使得中国建成了三峡大坝，它是世界上发电能力最强的发电站。

世界上还有那么一部分非常伟大的建筑物，是为了纪念各种文化中的神祇而建造的，比如圣彼得大教堂、麦加大清真寺、吴哥窟，等等。这一类宗教建筑的规模以及美学造诣，已经超越了常规意义上的“生死”。

诸如埃菲尔铁塔、自由女神像、威斯敏斯特宫（议会大厦）等伟大建筑，更是早已成为了它们所在国家的标志，甚至成为这些国家的象征。至于另外一些奇迹，则因其难以置信的实用性而令人惊叹：比如说苏伊士运河，它的出现可以说彻底改变了世界贸易和海上运输。

当然，某些最著名的建筑奇迹，仅仅是为了追逐“美”而建造的。泰姬陵是为逝去的爱人修建的纪念建筑；在巴黎，一座中世纪的城堡被改造成了世界上最大的美术馆，它就是卢浮宫；毫无疑问，悉尼歌剧院是作为一个完美的音乐、戏剧天堂而建造的。到了最近几十年，人类梦想的触角甚至已经离开了地表、伸向了太空——16个国家联合建造出了令人难以置信的国际空间站。

在我们这本精彩的书中，作者米查特·加津斯基以自己独特的视角，向每一位读者展示出了一系列最为壮观的建筑奇迹，书中所选用的图像，近乎完美地捕捉到了每一处奇迹的精髓，这一切都会让读者们感受到发自内心的惊叹和愉悦。

可以肯定的是，人类绝对不会停止创造美好的事物。未来我们能够取得怎样的成就？谁都说不清。在“未来”到来之前，我们希望您能够喜欢这本书，因为它记录了大量人类的智慧、想象力以及已然成真的梦想。

欢迎您来到奇迹的世界。

自由女神像的建造者，是
法国巴黎埃菲尔铁塔的缔
造者古斯塔夫 · 埃菲尔。

北美洲

栖息地 67 号

蒙特利尔，加拿大
建造历时：2 年（1964 年—1966 年）

栖息地 67 号所呈现出来的创意、灵感的光芒，使之成为蒙特利尔、甚至是整个加拿大最具认同感、最为壮观的建筑群之一。栖息地 67 号堪称是一座现代主义的地标性建筑群，它已经被设计成为了一个社区的典范，并且能够显著改善城市居民的生活质量。

1967 年，蒙特利尔举办了世界博览会，栖息地 67 号是该届博览会的展馆之一。栖息地 67 号来自于硕士研究生墨瑟 · 萨夫迪的构思，实际上，该构思源于他在麦吉尔大学的建筑学硕士论文中的天才灵感。

设计

栖息地 67 号以粗野主义（朴野主义）建筑风格建造而成，它旨在为现代城市公寓楼增添花园、私密以及新鲜空气等郊区田园生活的情趣。

建筑师

墨瑟 · 萨夫迪是一位以色列裔的加拿大建筑师，在 29 岁那一年，他以栖息地 67 号的设计方案作为自己的硕士毕业论文。墨瑟 · 萨夫迪另外一个脍炙人口的建筑设计，是新加坡的滨海湾金沙酒店，该建筑以其令人叹为观止的无边泳池而闻名于世。值得一提的是，这个无边泳池建在 191 米（627 英尺）的高空。

某种意义上的失败

栖息地 67 号被世人视为是一个建筑奇迹，然而该建筑群对于经济适用房市场的影响力，并没有达到其建筑师最初所设想的高度。

1967 年世界博览会

1967 年蒙特利尔世界博览会，是整个 20 世纪最为成功的世界博览会，而栖息地 67 号则是该届博览会的展馆之一。时至今日，1967 年蒙特利尔世博会仅有两个展馆依然存在，而栖息地 67 号便是其中之一。

1967 年蒙特利尔世界博览会的主题是“人类与世界”，总共有来自 62 个国家的作品参与了该届世博会，观众总人数则达到了 5030 万人。截止到目前，世博会有史以来的最高单日参观人数（569500 人），依然由 1967 年蒙特利尔世博会所保持。此外，蒙特利尔市内的地铁系统，也是为该届世界博览会所建造的。

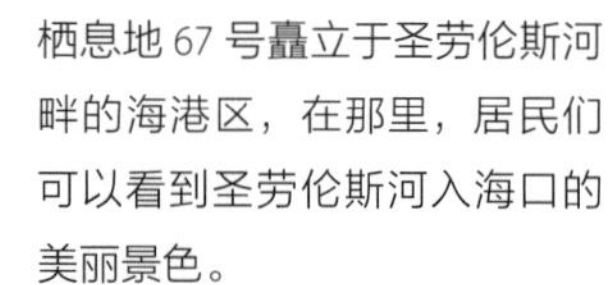

位置

栖息地 67 号矗立于圣劳伦斯河畔的海港区，在那里，居民们可以看到圣劳伦斯河入海口的美丽景色。

圣劳伦斯河

圣劳伦斯河将北美大陆的五大湖流域，与广袤无垠的大西洋连接在了一起。此外，圣劳伦斯河还拥有世界上最大的入海口。

灵感

在中世纪，地中海沿岸、中东各国的山顶上，有着为数众多的小城镇，而栖息地 67 号的设计灵感，正是来源于那些城镇。

模块化

栖息地 67 号总共由 354 个相同的预制混凝土模块所共同组成，每套公寓拥有 1 至 8 个不等的模块，它们以不同的组合方式连接在一起，并以这样一种方式创造出了千姿百态、各式各样的生活空间。

公寓

最初，栖息地 67 号设计了 158 套公寓，每套公寓的面积在 56 至 167 平方米之间。后来，其中的一些公寓被合二为一，因此目前栖息地 67 号总共拥有 146 套公寓。栖息地 67 号之前的总体规划，是将该建筑扩建为拥有 1200 套公寓的建筑群。

“梯田式”结构

在栖息地 67 号，每套公寓都有自己的专属露台，该露台位于相邻“模块”的屋顶之上。

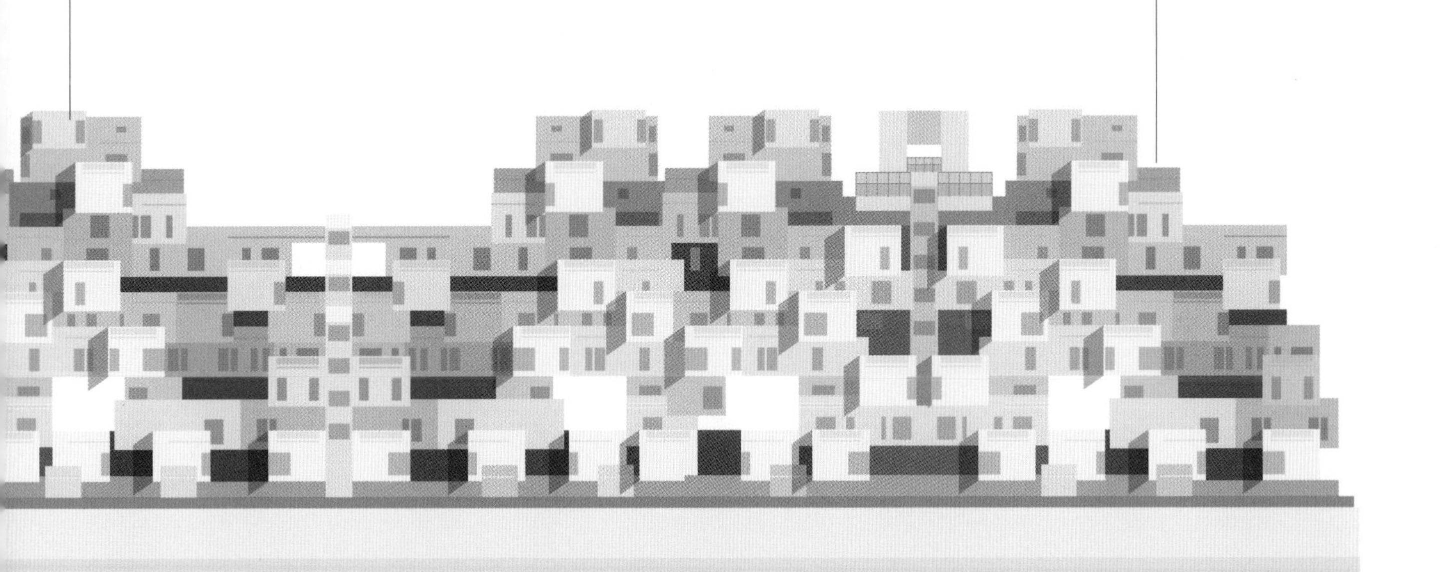

乐高

值得一提的是，栖息地 67 号的第一批建筑模型，是用乐高积木制成的。据悉，乐高集团计划发布一款限量版的“栖息地 67 号乐高积木特别版”。

绿色环境

栖息地 67 号的附近区域，拥有丰富的树木、植被资源。那些令人心旷神怡的绿色，与栖息地 67 号这一伟大的建筑群相得益彰，交相辉映。

成就

2009 年，加拿大魁北克省文化厅将栖息地 67 号列为该地区的历史性建筑。

加拿大国家电视塔

多伦多，加拿大

建造历时：3 年（1973 年—1976 年）

加拿大国家电视塔建成于 1976 年，当时它是世界上最高的独立式结构建筑物。实际上直到今天，加拿大国家电视塔依然是多伦多市的最高建筑，同时它也是整个加拿大著名的地标性建筑。站在加拿大国家电视塔的塔顶，你可以领略到该国最大城市——多伦多的全貌，也可以欣赏到世界上面积第 13 大的湖泊——安大略湖的壮丽景色。目前，总共有 16 个国家级的电视、广播、电信服务供应商，通过加拿大国家电视塔来传输他们的信号。该建筑超高的高度，体现出了极大的实用价值。

名字的由来

加拿大国家电视塔，最初是由该国最大的铁路集团——加拿大国家铁路集团（Canadian National）所建设的，因此其名字被命名为“CN Tower”。20 世纪 70 年代中期，加拿大国家铁路集团在多伦多废弃的货场上建成了后来的加拿大国家电视塔。

553.33 米（1815 英尺）

笔直矗立

加拿大国家电视塔的建造精度高得令人难以置信——从底部到塔顶，该座建筑物的垂直程度，与理论上的绝对垂直只有 2.79 厘米（1.1 英寸）的误差。

清晰的信号

20 世纪 60 年代，多伦多市内一座座全新的摩天高楼拔地而起，那些高层建筑物严重破坏了无线电信号以及电视信号。也正是由于这样的一个原因，各大广播公司都迫切需要一个高度至少达到 300 米的中央天线。至此，建造加拿大国家电视塔的想法便应运而生了。

工程类奇迹

闪电

平均计算下来，加拿大国家电视塔的塔顶，每年都会被闪电击中 75 次。

登高望远

当天气条件处在最佳状态时，人们可以在加拿大国家电视塔的塔顶看到 160 公里以外的情景，因此理论上人们可以在那里看到尼亚加拉大瀑布。

天线

当年，一架巨大的直升机，将天线的 44 个组成部分运送到了加拿大国家电视塔的塔顶。

塔边行走

这是一项加拿大国家电视塔推出的娱乐项目。在参与该娱乐项目时，游客在系上安全带的前提下可以绕着塔顶行走，甚至可以将自己的身体探出塔外，并且悬挂在距离地面 356 米的高空。

360 度旋转餐厅

360 度旋转餐厅位于加拿大国家电视塔距离地面 351 米处，该旋转餐厅每 72 分钟旋转一周。

玻璃地板

加拿大国家电视塔的“玻璃地板”于 1995 年开放，它在全世界范围内开创了此类游览项目的先河。该项目位于加拿大国家电视塔距离地面 342 米处，站在上面向下看的视觉效果极为震撼。然而实际上，该项目所使用的玻璃地板，能够承受 14 头河马的重量——当然，这些身躯庞大的动物，很有可能根本无法进入加拿大国家电视塔的电梯。

现代世界奇迹

1995 年，美国土木工程协会将加拿大国家电视塔列入了他们所评选的现代世界七大工程奇迹名录。

曾经的世界最高建筑

迄今为止，加拿大国家电视塔依然是西半球最高的建筑物，同时它也是全球第九高的建筑物。此前，加拿大国家电视塔是世界上最高的独立式结构建筑物，不过到了 2007 年，正在施工中的阿联酋迪拜的哈利法塔成功地从加拿大国家电视塔那里夺走了这一殊荣。

世界最高舞厅

加拿大国家电视塔开放之初，在其室内观景台（Indoor Lookout Level，加拿大国家电视塔的三大游客区域之一，位于海拔 346 米处）还设有一个名为“火花”的迪斯科舞厅。当时，那也是世界上最高的迪斯科舞厅。

抗风性能

根据最初的设计方案，即便是在 418 千米 / 小时（260 英里 / 小时）的强风环境中，加拿大国家电视塔依然能够安然无恙。

335 米
（1100 英尺）

游客人数

每一年，加拿大国家电视塔都能迎来超过 150 万名游客的参观、游览。

飞鸟

在每一年候鸟迁徙的高峰时期，加拿大国家电视塔都会减弱自身的灯光强度，以防止飞鸟撞到塔身。

电梯

加拿大国家电视塔总共拥有六部电梯，从地面到达塔顶，总共只需要 58 秒钟。

混凝土竖井

该混凝土竖井的六边形结构，使得加拿大国家电视塔兼具稳定性和柔韧性。

抗震等级

加拿大国家电视塔能够抵御里氏 8.5 级的强烈地震。

奇琴伊察玛雅城邦遗址

尤卡坦州，墨西哥

建造时间：公元 8 世纪—9 世纪

在前哥伦布时期，奇琴伊察是玛雅文明最主要的城市。它位于一片丛林当中，城内有建造精密的金字塔、极具艺术感的寺庙以及呈几何布局的人行道。灿烂的玛雅文明成就了独特、别致的奇琴伊察玛雅城邦，该座城市充分证明，经过几个世纪的发展，当时的玛雅人已经将很多建筑风格融会贯通。

1988 年，联合国教科文组织正式确认了奇琴伊察玛雅城邦遗址在考古领域的重要价值，并且将其列入了世界遗产名录。

古代大都会

奇琴伊察玛雅城邦是玛雅人建造的最大城市之一，其建筑分布在大约 5 平方公里（1.9 平方英里）的土地上。

新世界奇迹

2007 年，在一项国际民意调查当中，奇琴伊察玛雅城邦遗址被评选为了世界新七大奇迹之一。

名字

在玛雅文字当中，“Chichén Itzá”的意思是“位于伊察的一口井的井口”。

圣泉

在前哥伦布时期，玛雅人将祭祀物品、甚至是活人投入圣泉，以祭祀玛雅神话中的“雨神、雷电之神”恰克。圣泉直径约为 60 米（200 英尺），它周围环绕着 27 米（89 英尺）高的悬崖峭壁。

“纪念碑”

奇琴伊察玛雅城邦坐落在一片广袤的石灰岩平原之上，那里没有河流或者湖泊的存在，好在其周围遍布着很多天然的小水坑。那些水坑的存在，使得奇琴伊察能够得到充足的水源供应。

大球场

该座古老的球场，是举行一种古老中美洲球赛的比赛场地。时至今日，已经没有人准确地知道该项古老运动的全部比赛规则，但是这种球赛很有可能类似于现如今的壁球运动。

武士神庙

奇琴伊察玛雅城邦内武士神庙的建筑风格，与距其 1000 多公里外的图拉古城的建筑有很多相似之处。这一事实足以证明，在该区域内的各个城市之间，当年存在着极为密切的文化联系。

奥萨里奥（藏骨堂）

类似于缩小版的卡斯蒂略玛雅金字塔，奥萨里奥也是一种玛雅金字塔，该座金字塔的顶部拥有一个入口，从那里可以直接通向一个自然洞穴。

恰克摩尔

恰克摩尔是前哥伦布时期中美洲雕塑的典型形象，其形象为用肘部支撑自己的半躺状态的人。奇琴伊察玛雅城邦内武士神庙的顶部，便存在着一个恰克摩尔。

回声效果

奇琴伊察玛雅城邦以其神秘的回声效果而闻名于世。在那里，击掌便会产生多种回声，那些回声听起来甚至像是鸟类的鸣叫声。

地方势力

奇琴伊察玛雅城邦是玛雅北部地区的重要权力中心。

人口

根据估计，大约有 5 万名民众曾经生活在奇琴伊察玛雅城邦。

椭圆形天文台

椭圆形天文台是一座非常独特的建筑物，它已经拥有超过 1000 年的历史了。绝大多数人都相信，该建筑是一座天文台。椭圆形天文台的名字（El Caracol），来自于其塔楼的旋转楼梯，在西班牙语当中，“El Caracol”是“蜗牛”的意思。

游客人数

2017 年，大约有 300 万名游客前往奇琴伊察玛雅城邦遗址进行参观游览。在整个墨西哥，奇琴伊察玛雅城邦遗址是游客人数第二多的旅游景点，仅次于特奥蒂华坎古城遗址。

被欧洲人发现

1534 年，西渡大西洋的西班牙人发现了奇琴伊察玛雅城邦。起初，西班牙侵略者并没有遭到玛雅人的抵抗，然而在几个月之后，他们就被迫离开了尤卡坦半岛。

先进的建筑设计风格

当年，奇琴伊察玛雅城邦内极有可能居住着来自于各个地区的人，之所以能够得出这一判断，是因为该座玛雅古城内拥有各式各样的建筑风格。

卡斯蒂略玛雅金字塔

卡斯蒂略玛雅金字塔，位于奇琴伊察玛雅城邦的中心位置，它是该座玛雅古城的标志性建筑。在整个墨西哥，卡斯蒂略玛雅金字塔都称得上是最著名、最受欢迎的前哥伦布时期建筑物之一。

神庙，而非城堡

当年西班牙侵略者认为，该座建筑是一座防御工事，他们将其命名为“堡垒”。不过实际上，该座建筑的确是一座供奉玛雅“蛇神”库库尔坎（一条身上带有羽毛的羽蛇）的庙宇。

万能之神

卡斯蒂略玛雅金字塔的顶部是一座神庙，其中供奉的是羽蛇之神库库尔坎。在玛雅文化中，库库尔坎是无所不能的万能之神。在神庙内部，牧师们为库库尔坎举行祭祀仪式。

美洲豹王座

20 世纪 30 年代，考古工作者在卡斯蒂略玛雅金字塔内发现了两个隐藏的房间，他们在房间中找到了一个美洲豹形状的宝座。当时，那个美洲豹王座被朱砂涂成了红色。

日光蛇影

在春分、秋分这两天，太阳光在金字塔阶梯角落的边缘投射出一个阴影，营造出了一条蛇沿着建筑物爬行的视觉效果。

面板

在金字塔的每一面，都刚好有 52 块面板，这暗合了玛雅文明的历法中 52 年一循环的规则。

高度

卡斯蒂略玛雅金字塔的高度为 24 米（79 英尺），而金字塔顶部神庙的存在，又使它增高了 6 米（20 英尺）。金字塔的正方形底座，边长为 55 米（181 英尺）。

金字塔上的金字塔

1930 年，考古工作者在经过挖掘后发现，卡斯蒂略玛雅金字塔是建造在一个更为古老的神庙之上的，而该座更为古老的神庙，极有可能同样也是一座金字塔。

365 步

卡斯蒂略玛雅金字塔总共有 365 级台阶，这也就意味着，一年中的每一天都在该座金字塔上拥有一级专属的台阶。金字塔的每一侧都有 91 级台阶，余下的一级台阶则在顶部，那是通向羽蛇神庙的阶梯。

云母

在奇琴伊察玛雅城邦，一部分建筑物的内墙都是用云母来作为隔音、隔热材料的。有人认为，这些云母很有可能是从几千公里以外的南美洲国家巴西运送而来的。不过，这是一个难以置信的判断，因为众所周知的是，在玛雅文明当中，根本就没有“车轮”的存在。

声学效应

如果你站在卡斯蒂略玛雅金字塔北侧的地面上击掌的话，那么你就能够听到类似于鸟类鸣叫的回声。

中央公园

纽约，美国
建造历时：15 年（1857 年—1873 年）

从 1821 年到 1853 年这 32 年时间里，纽约市的人口翻了两番。随着这座城市向北扩展到了曼哈顿岛，纽约市政府决定在一片当时几乎是无人居住的岩石、沼泽之上，建立起一个大型的公园，这就是后来的中央公园。现如今，中央公园早已成为了纽约城市中心地带的一片绿洲，人们可以在这里休闲、放松、锻炼，此外还能领略到自然、文化之美。中央公园可以说是全世界被拍照次数最多的公园，它也成为纽约这座城市最具辨识度的标志之一。

游客人数

每一年，都有 4200 万游客前往纽约中央公园参观游览，这个数字相当于乌克兰的全国人口总数。

美国自然历史博物馆

美国自然历史博物馆与中央公园仅有一街之隔，其内部总建筑面积达到了 19 万平方米，收藏有 3300 多万件标本。

树木

在纽约中央公园内，总共生长着 2.6 万棵树木。

哥伦布圆环

克里斯托弗 · 哥伦布的纪念碑是纽约的“零英里”处，这里成为纽约市测量官方公路长度的起点。

草莓园

这片平和的地方，是献给约翰 · 列侬（甲壳虫乐队创始人 / 联合主唱 / 节奏吉他手）的。约翰 · 列侬生前就住在中央公园附近，1980 年，他在家中的台阶上被枪杀。

弓桥

弓桥是中央公园中最长的一座桥（27 米长）。作为一处世人皆知的美景，弓桥曾经出现在很多脍炙人口的电影作品当中。

赫克歇尔游乐场

赫克歇尔游乐场是中央公园内最古老、规模最大的游乐场。

绵羊草坪

直到 1934 年，绵羊草坪还是成群的绵羊在纽约这样一座大都市中的温馨家园。到了 20 世纪 60—70 年代，绵羊草坪成为了反战运动的热门场所。

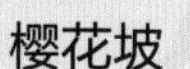

樱花坡

大草坪

大草坪是中央公园内面积最大的草坪，其面积达到了 0.22 平方千米。实际上，大草坪是在一片废弃水库上人工铺设的草坪。

消防站

西 56 号大街

沃尔曼溜冰场

著名的公共溜冰场

鸟类保护区

购物中心

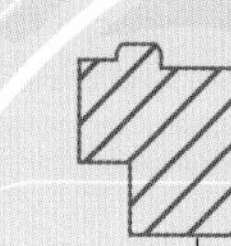

大都会艺术博物馆

第五大道

广场饭店

巴尔托雕像

巴尔托是一条雪橇犬。在 1925 年的暴风雪中，身为领头犬的巴尔托，与自己的团队一道异常英勇地将白喉抗生素运送给了阿拉斯加的病人，它也因此一战成名。

克利欧佩特拉方尖碑

这座来自于埃及的方尖纪念碑建于公元前 1475 年，它的高度达到了 21 米（69 英尺），重约 200 吨。1881 年，英国人将克利欧佩特拉方尖碑送给了美国。

中央公园动物园

从小叶蚁到大灰熊，中央公园动物园内生活着超过 130 种各类动物。

规模

实际上，中央公园仅仅是纽约市内的第五大公园，然而其面积已经是摩纳哥公国的两倍了。在中央公园内步行一个来回，需要 2 个小时左右的时间。

来自于英国的灵感

弗雷德里克 · 劳 · 奥尔姆斯特德是一位美国景观设计师，1850 年，他在参观英国的伯肯海德公园时大受震撼。8 年之后，弗雷德里克 · 劳 · 奥尔姆斯特德在中央公园设计方案选拔中脱颖而出，当时，他将伯肯海德公园中的很多元素，都移植到了中央公园的设计方案当中。

浣熊

在中央公园里，至少生活着 400 只城市浣熊。每到晚上，人们经常可以在中央公园里看到浣熊出没。

交通规划

总共有 4 条公路经过中央公园周边。值得一提的是，当 1857 年中央公园的设计定稿出炉之时，世界上的短途交通工具，还只有马和马车。当时中央公园的设计者便有如此远见，令人钦佩。

最多入园人数

1997 年，美国乡村摇滚超级巨星加雷斯 · 布鲁克斯在中央公园举行了一次演唱会，当时有 98 万名歌迷前往现场观看。那也是历史上纽约中央公园内同时容纳人数最多的一次。

曼哈顿

中央公园的占地面积，约占曼哈顿总面积的 6%。

山顶岩石

这是整个中央公园的最高点。值得一提的是，在纽约市建成之前，站在山顶岩石的人仅凭肉眼就可以看到新泽西。

中央公园网球中心

中央公园网球中心被绿树环抱，它总共有 30 个室外网球场。无论是普通的当地人、游客，还是安德烈 · 阿加西、比约恩 · 伯格这样蜚声国际的网球巨星，都非常喜欢在中央公园网球中心打网球。

碉堡

这座小堡垒是中央公园内第二古老的建筑物，它建成于 1814 年，是曼哈顿北部防御工事的最后遗迹。

中央公园西部路

大山

西 110 号大街

杰奎琳 · 肯尼迪 · 奥纳西斯水库

杰奎琳 · 肯尼迪 · 奥纳西斯水库是中央公园内一个废弃的水库，它备受慢跑爱好者、甚至是水鸟的喜爱。杰奎琳 · 肯尼迪 · 奥纳西斯水库占地 43 公顷（106 英亩），其内部拥有超过 10 亿加仑（约 380 万立方米）的水。围绕杰奎琳 · 肯尼迪 · 奥纳西斯水库跑 17 圈，你就完成了一次马拉松！

北部草坪

这是一片非常开阔的区域，其中包括棒球场、垒球场、足球场在内的总共 12 个体育运动场。

蝴蝶园

东部草坪

哈林湖

博物馆大道

第五大道的 82 号大街至 105 号大街，堪称是世界上文化密集程度最高的地区之一，在这一区域内，总共有 9 座重要的博物馆，以及其他很多地标性建筑。

所罗门·R. 古根海姆博物馆

温室花园

温室花园是中央公园内唯一一个正式的花园，它于 1937 年开始向公众开放，令人遗憾的是，在第二次世界大战之后，温室花园变成了一片废墟。1987 年，纽约方面精心修复了温室花园，目前那里是世界上一个无比美丽、宁静的角落。

拉斯克游泳池

拉斯克游泳池是一个室外的公共区域，人们可以在那里免费游泳。到了冬天，人们还可以在那里滑冰。

艾灵顿公爵圆圈

爵士乐传奇巨匠爱德华 · 肯尼迪 · 艾灵顿是一个土生土长的纽约人，其生前曾经在哈莱姆区著名的棉花俱乐部演出。艾灵顿公爵圆圈，正是以爱德华 · 肯尼迪 · 艾灵顿的名字来命名的。

广场饭店

毫无疑问，广场饭店是全世界最著名的酒店之一。

首位客人

阿尔弗雷德·戈文·范德比尔特是著名的范德比尔特家族的成员，他是第一位入住广场饭店的客人。

大银幕的主角

一系列伟大的电影作品都与广场饭店有关。比如说，阿尔弗雷德·希区柯克的《西北偏北》，以及巴兹·鲁赫曼的《了不起的盖茨比》，等等。

拆除

广场饭店于19世纪90年代开门迎客，不过到了1905年，原饭店被拆除，并且在原址建起了一座规模更大的建筑，那也正是目前我们所熟知的这个纽约市地标性建筑。

特朗普

1988年，唐纳德·特朗普买下了广场饭店，不过7年后的1995年，他便被迫将该酒店售出。当时，唐纳德·特朗普濒临破产，迫于来自债权方的重重压力，他不得不卖掉广场饭店。

法国的影响

整个广场饭店的设计，带有浓郁的法国文艺复兴时期的酒庄风格。

展览

在广场饭店的私人房间里，美国商人、艺术收藏家所罗门·R. 古根海姆进行了个人首次公开展览。

波斯厅

广场饭店内的波斯厅，以接待过为数众多的优秀演员而蜚声国际。在个人演艺生涯的早期，美国著名女演员、歌手丽莎·明妮莉便经常在广场饭店的波斯厅内亮相。

房价

1907年广场饭店开业时，其客房价格为每晚2.50美元，大约相当于现在每晚60美元的价格。而当前广场饭店套房的价格，从每晚800美元到30000美元不等。

关于音乐

在广场饭店，甲壳虫乐队曾经创作出 *Michelle* 这样的传世之作；此外，美国爵士音乐人米尔斯·戴维斯也曾经在广场饭店录制过一张专辑。

大都会艺术博物馆

每年都会有 700 万游客前往大都会艺术博物馆参观游览，那里是美国最大的艺术博物馆。

1938 年

大都会艺术博物馆的第一个分馆被命名为“大都会修道院分馆”，它于 1938 年正式落成并开门迎客。

展品

大都会艺术博物馆总共拥有超过 200 万件展品，其门类包括了绘画、雕塑、乐器、服装、古代武器、盔甲，等等。

大都会盛典

一年一度的“大都会盛典”，是一项在大都会艺术博物馆举行的募捐活动，每年该项活动都会吸引一些世界名流参与其中，这些人经常会身着极具争议性的奇装异服登台亮相。曾经参加过大都会盛典的社会名流，包括多娜泰拉 · 范思哲，蕾哈娜，以及伊德瑞斯 · 艾尔巴，等等。

展品绝非仅限于绘画

大都会艺术博物馆内，还藏有世界上现存最为古老的一架钢琴。

所罗门 · R. 古根海姆博物馆

所罗门 · R. 古根海姆博物馆堪称是 20 世纪建筑领域的标杆，它充分展示出了现代、当代建筑艺术的无限魅力。

所罗门 · R. 古根海姆

所罗门 · R. 古根海姆博物馆的创始人，是美国商人、艺术收藏家所罗门 · R. 古根海姆。凭借在阿拉斯加经营的金矿产业，所罗门 · R. 古根海姆成为一代富豪。

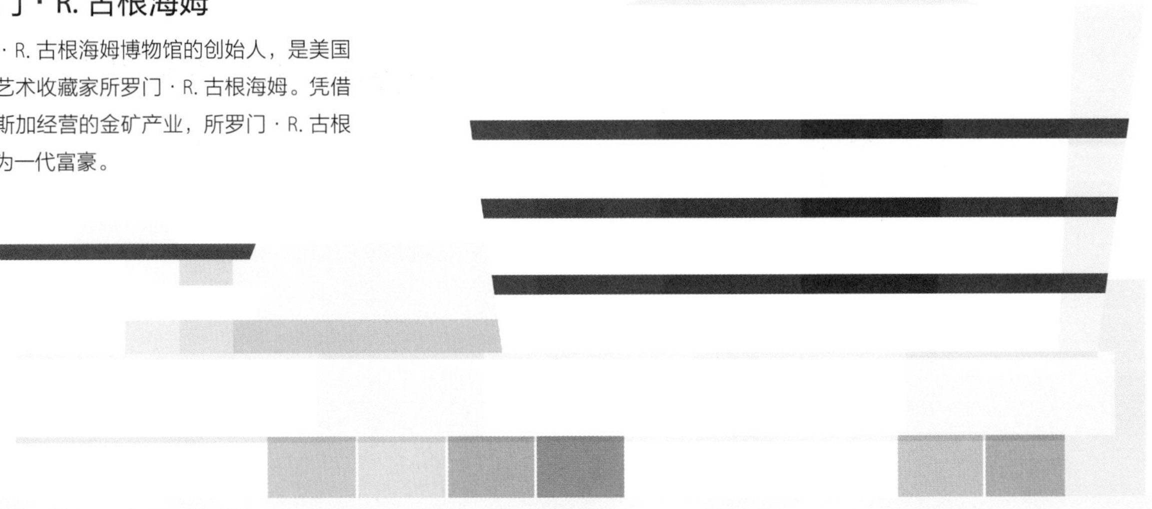

弗兰克 · 劳埃德 · 赖特

所罗门 · R. 古根海姆博物馆的设计师，是弗兰克 · 劳埃德 · 赖特，他也被视为是美国有史以来最伟大的建筑设计师之一。所罗门 · R. 古根海姆博物馆是弗兰克 · 劳埃德 · 赖特最后一个重要的设计作品，该博物馆在其去世之后的六个月正式向公众开放。

2008 年，所罗门 · R. 古根海姆博物馆被美国政府的相关部门确定为国家历史地标；2015 年，该博物馆又被联合国教科文组织列入了世界遗产名录。

金门大桥

旧金山，美国
建造历时：4 年（1933 年—1937 年）

毫无疑问，著名的金门大桥，绝对算得上是旧金山、甚至是整个美国的象征，它也是全世界被摄影爱好者拍摄次数最多的大桥。金门大桥堪称是一座现象级的建筑和工程作品，当它于 1937 年正式建成并向公众开放的时候，它是全球最高、最长的悬索桥。后来，金门大桥也被评为了现代世界的奇迹之一。

又高又长

在 1937 年正式通车之时，金门大桥是世界上最高、最长的悬索桥，其主跨度为 1280 米（4200 英尺），桥塔高度达到了 227 米（746 英尺）。时至今日，金门大桥依然是全美国最高的桥梁。

工程造价

$ 20 世纪 30 年代，金门大桥的造价约为 3500 万美元，大约相当于今天的 35 亿美元。

铆接材料

金门大桥的整个建造过程，总共使用了 120 万枚钢制铆钉。到了 20 世纪 70 年代，很多已经被锈蚀的钢制铆钉，陆续被更加先进的现代螺栓所取代。今时今日，金门大桥上那些已经被移除的钢制铆钉，在收藏市场上依然是紧俏货。

马林塔

227 米

318.9 米

克莱斯勒大厦的相对高度

1280 米

67 米

地基

建设施工方总共用了两年的时间，才最终完成了南塔 53 米（175 英尺）深的地基。

冲浪热门景点

某些时候，冲浪爱好者能够在金门海峡享受到条件极佳的海浪，然而他们必须时刻警惕鲨鱼带来的巨大威胁。数据显示，有多达 11 种鲨鱼都视旧金山湾区为家，无比可怕的大白鲨也会沿着海岸线游到近海。

金门大桥的名字，来自于它所处的金门海峡。1846 年，美国探险家约翰·弗雷蒙特明确表示，金门海峡令他不由自主地想起世界上另外一个狭窄的海峡——土耳其西北部博斯普鲁斯海峡的金角湾（Golden Horn）。也正是从那一年开始，金门海峡的名字逐渐被世人所熟知。

新世界奇迹

美国土木工程协会将金门大桥评选为现代世界七大工程奇迹之一。

颜色

金门大桥外观颜色的官方名称是“国际橙色”。当年，金门大桥的设计建设方之所以会选择这种颜色，是因为该色调与周围的自然环境相得益彰，同时这种颜色还能增强大桥在浓雾中的能见度。

电影热门取景地

包括《超人》《迷魂记》《马耳他之鹰》《哥斯拉》《007 之雷霆杀机》在内，很多经典影片都与金门大桥直接相关。此外，金门大桥还被复制进了最畅销的电子游戏《侠盗猎车手：圣安地列斯》当中。

抗震等级

1989 年 10 月 17 日，旧金山湾区发生了里氏 6.9 级的强烈地震，那也是该地区自 1906 年以来破坏性最大的一次地震。而在该次地震当中，金门大桥完好无损。

“去地狱走一遭”俱乐部

在建设金门大桥的过程中，曾经发生过一次意外，当时有工人从桥上坠落，但却幸运地被挂在桥下的安全网所救。在那之后，那些幸存的工人们便成立了“去地狱走一遭”俱乐部。

最大交通流量纪录

1989 年 10 月 27 日这一天，总共有 162414 辆车通过了金门大桥，那也是该座大桥通行车辆最多的一天。

限速

金门大桥总共有六条车道。在桥上，车辆的最高时速不能超过 45 英里（72 千米）/ 小时。

强风导致大桥关闭

历史上，金门大桥仅有 3 次因为恶劣天气而被迫关闭的经历，这三次关闭分别发生在 1951 年、1982 年以及 1983 年，当时的风速分别为 111 千米 / 小时、113 千米 / 小时、121 千米 / 小时。

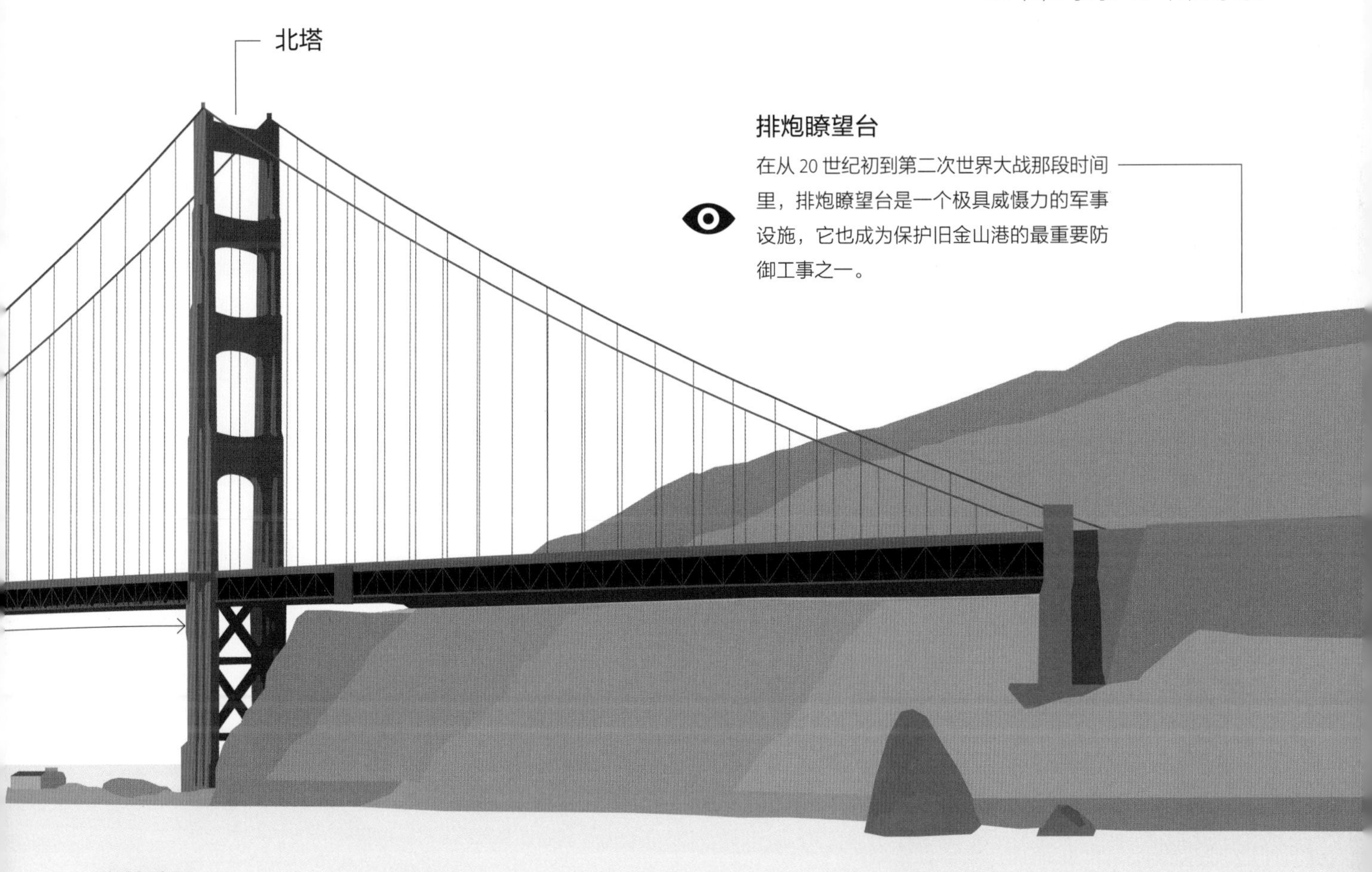

排炮瞭望台

在从 20 世纪初到第二次世界大战那段时间里，排炮瞭望台是一个极具威慑力的军事设施，它也成为保护旧金山港的最重要防御工事之一。

海峡渡口

在金门大桥正式建成之前，乘船通过金门海峡总共需要 20 分钟的时间。

桥上行走

1987 年 5 月 24 日凌晨 4:30 至上午 10:30，大桥管理方特意关闭了金门大桥，以进行纪念大桥落成 50 周年的桥上行走活动。

那里有港口？

在长达两个世纪的时间里，包括传奇人物弗朗西斯 · 德雷克爵士在内，欧洲探险家们始终都是与金门海峡擦肩而过、而未能发现它。糟糕的运气只是一个方面的原因，之所以很多人没能发现金门海峡，主要是由于海峡入口非常狭窄，此外该区域经常下大雾。

肯尼迪航天中心

佛罗里达州，美国
建造时间：1962 年

自从 1968 年以来，肯尼迪航天中心一直是美国国家航空航天局载人航天项目的最主要发射中心。

肯尼迪航天中心位于梅里特岛，距离奥兰多这一旅游热门城市有大约一小时的车程。实际上，肯尼迪航天中心本身就是一个世界各国游客趋之若鹜的绝佳参观游览目的地。

名字的由来

1963 年，美国国家航空航天局以约翰·肯尼迪的名字来给他们设在佛罗里达州的航天发射中心命名。1961 年，肯尼迪总统宣布了一项雄心勃勃的计划，他希望在 20 世纪 60 年代末将人类送上月球。最终，美国在 1969 年成功地完成了这一计划。

占地面积

肯尼迪航天中心的占地面积约为 580 平方千米（略大于马恩岛），该航天中心拥有超过 700 座建筑物。目前，大约有 1.31 万名工作人员在肯尼迪航天中心工作。

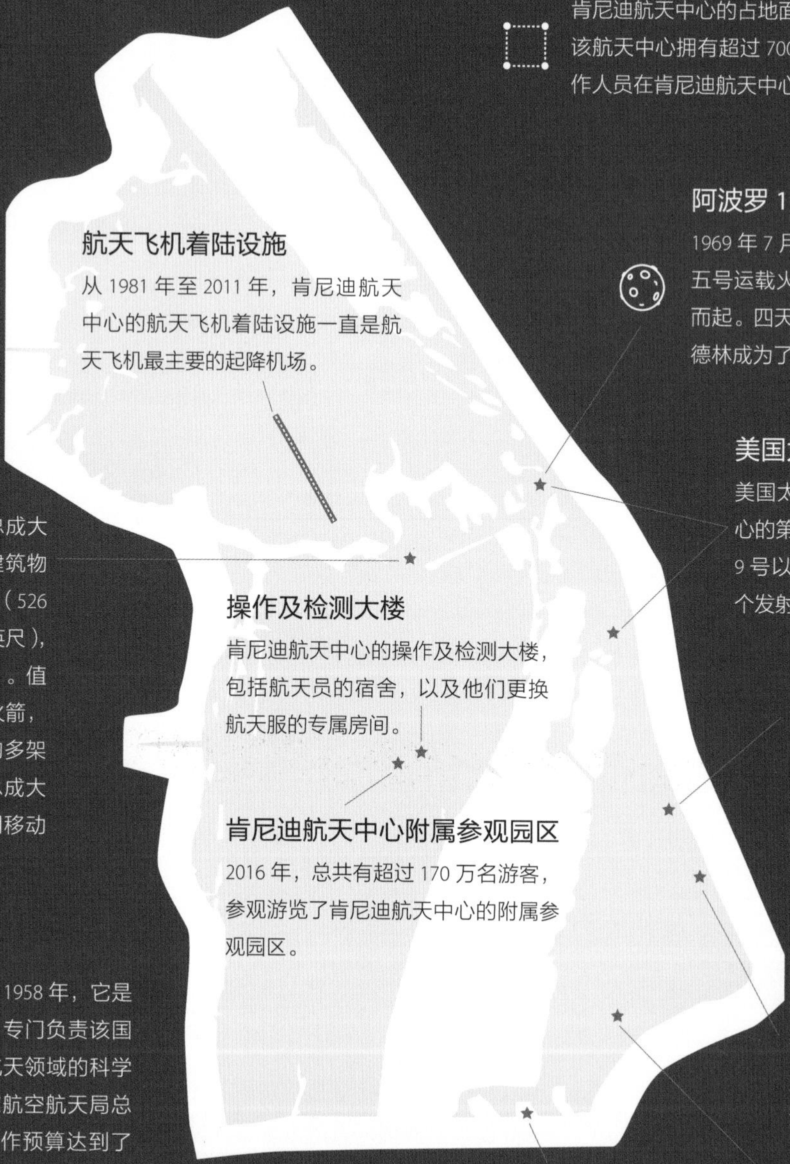

航天飞机着陆设施

从 1981 年至 2011 年，肯尼迪航天中心的航天飞机着陆设施一直是航天飞机最主要的起降机场。

阿波罗 11 号

1969 年 7 月 16 日，执行阿波罗 11 号任务的土星五号运载火箭从肯尼迪航天中心的 A 发射台腾空而起。四天之后，尼尔·阿姆斯特朗、巴斯·阿尔德林成为了首批登上月球的人类。

航天器总成大楼

肯尼迪航天中心的航天器总成大楼，是世界上体积最大的建筑物之一，其高度达到了 160 米（526 英尺），长度为 218.2 米（716 英尺），宽度为 157.9 米（518 英尺）。值得一提的是，土星五号运载火箭，以及美国国家航空航天局的多架航天飞机，都是在航天器总成大楼内部完成组装，然后才用移动平台转移到发射场的。

美国太空探索技术公司发射场

美国太空探索技术公司租赁了肯尼迪航天中心的第 39 号发射场，并且将其用于发射猎鹰 9 号以及猎鹰重型火箭。该发射场总共有 3 个发射台。

操作及检测大楼

肯尼迪航天中心的操作及检测大楼，包括航天员的宿舍，以及他们更换航天服的专属房间。

双子座计划

双子座计划，是美国国家航空航天局的第二次载人航天飞行计划（1961 年—1966 年）。双子座计划所开发、使用的技术，后来都被成功地运用在了阿波罗登月计划当中。

肯尼迪航天中心附属参观园区

2016 年，总共有超过 170 万名游客，参观游览了肯尼迪航天中心的附属参观园区。

美国国家航空航天局

美国国家航空航天局成立于 1958 年，它是一个独立的美国政府机构，专门负责该国的航天飞行计划以及航空航天领域的科学研究工作。目前，美国国家航空航天局总共拥有 17336 名员工，其工作预算达到了 215 亿美元，约占美国政府总支出的 0.49%。

美国太空探索技术公司着陆区

美国太空探索技术公司所开发的可重复使用的火箭着陆设施。

水星 – 红石 3 号

1961 年，水星 – 红石 3 号火箭在肯尼迪航天中心发射升空，执行该次任务的艾伦·谢泼德，也成为第一个进入太空的美国人。

卡纳维拉尔港

每一年，都有 420 万名乘客从卡纳维拉尔港上下船，该港口也是世界上第二繁忙的邮轮港口。

美国国家航空航天局研究中心

肯尼迪航天中心是美国国家航空航天局总部下辖的十大研究中心之一。自从 1968 年以来，肯尼迪航天中心一直是美国国家航空航天局执行载人航天任务的最主要发射中心。

哥伦比亚号航天飞机

迄今为止，美国国家航空航天局总共制造了 5 架航天飞机，哥伦比亚号航天飞机是其中的第一架，它总共成功地执行了 27 次飞行任务。

航天飞机计划

美国国家航空航天局的第四个载人航天项目颇具特色，因为该计划是第一个以可重复使用的载人航天器为特色的计划。从 1981 年至 2011 年，哥伦比亚号、挑战者号、发现号、亚特兰蒂斯号以及奋进号五架航天飞机，总共将来自于 16 个不同国家的 355 名宇航员送上太空，耗资总额达到了 1960 亿美元。

飞行距离

在哥伦比亚号航天飞机执行过的 28 次航天任务当中，它总共飞行了 201497772 千米（1.25 亿英里），在太空中度过了整整 300 天。

固体火箭推进器

两枚可重复使用的固体推进火箭，是航天飞机从地面升空的最主要动力。在燃烧 127 秒钟的时间之后，两枚固体火箭推进器被航天飞机剥离，随后它们打开各自的降落伞，发动机最终会坠落进大西洋。

外部燃料箱

航天飞机的外部燃料箱内，注入了将近 200 万升液态氢和液态氧，它们是这一庞大飞行器所必需的燃料。在经过 510 秒钟的燃烧之后，航天飞机将外部燃料箱剥离，后者坠入大气层并解体成为碎片，随后落入太平洋或者印度洋。

最大载人数

哥伦比亚号航天飞机最多可以搭载 8 名宇航员。

灾难

2003 年，哥伦比亚号航天飞机在重返大气层时解体，7 名机组成员全部遇难。在航天飞机执行的 113 次飞行任务中，哥伦比亚号的解体，是第二起航天飞机失事事故。

货仓

哥伦比亚号航天飞机的货仓，拥有 18 米长的有效载荷空间。美国国家航空航天局能够用该航天飞机来运输人造卫星以及太空实验室等其他科研物资。

事故原因

在哥伦比亚号航天飞机发射升空的过程中，外部燃料箱脱落了一个泡沫碎片，该碎片与航天飞机机翼的隔热罩发生碰撞，并且打出了一个直径 25 厘米的孔洞。实际上，在任务实施过程中，工程技术人员已经知道航天飞机机体表面存在这一隐患，然而他们无法确认该隐患是否足够严重到必须启动应急预案——比如说，命令哥伦比亚号航天飞机停止执行任务，随后安排另外一架航天飞机接替它完成任务。

名字的由来

哥伦比亚号航天飞机的名字，来自于哥伦比亚号帆船。1790 年，哥伦比亚号帆船完成了环球航行，它也是第一艘实现这一壮举的美国船只。

着陆

航天飞机逐渐降低飞行轨道，以便重新进入到地球的大气层。在进入大气层之后，航天飞机从一个“航天器”变成了“飞行器”。在穿过大气层的过程中，船体的外表面温度将达到 1500 摄氏度以上。最终，航天飞机以 346 千米 / 小时（215 英里 / 小时）的速度降落在跑道上，其尾部打开的降落伞能够起到减速的作用。

不幸罹难

哥伦比亚号航天飞机的解体，最终导致 7 名机组成员全部不幸遇难。在那 7 名宇航员中，有 2 名女性、5 名男性，其中有 6 个是美国人，另外一个是以色列人。

可重复使用的发动机

每一架航天飞机上，都有三个主发动机，它们都可以在垂直方向 10.5 度、水平方向 8.5 度的范围内摆动。这样一来，三台主发动机就能够更好地控制航天飞机了。

五角大楼

弗吉尼亚州，美国
建造历时：2 年（1941 年—1943 年）

五角大楼是美国国防部的总部所在地，它也是世界上最大的办公楼。对于该座建筑来说，“五角大楼”这个名字是非常贴切的，因为它总共有 5 个侧面，地上总共有 5 层，每层都有 5 条走廊。值得一提的是，五角大楼甚至还有 5 个美食广场。

在大多数情况下，“五角大楼”都会被用来指代“美国国防部”或者是“美国军方高层领导”。五角大楼的历史及其厚重的意义，使得该座建筑在美国国家历史遗迹名录当中占有一席之地。现如今，五角大楼被公认为是美国的国家历史地标之一。

五角大楼车站

五角大楼拥有自己的车站，华盛顿的两条地铁线路为其提供服务。2016 年，每天都有 13989 名乘客使用五角大楼车站。

国防部

五角大楼是美国国防部的总部所在地；此外，美国国防部长也在五角大楼内办公。

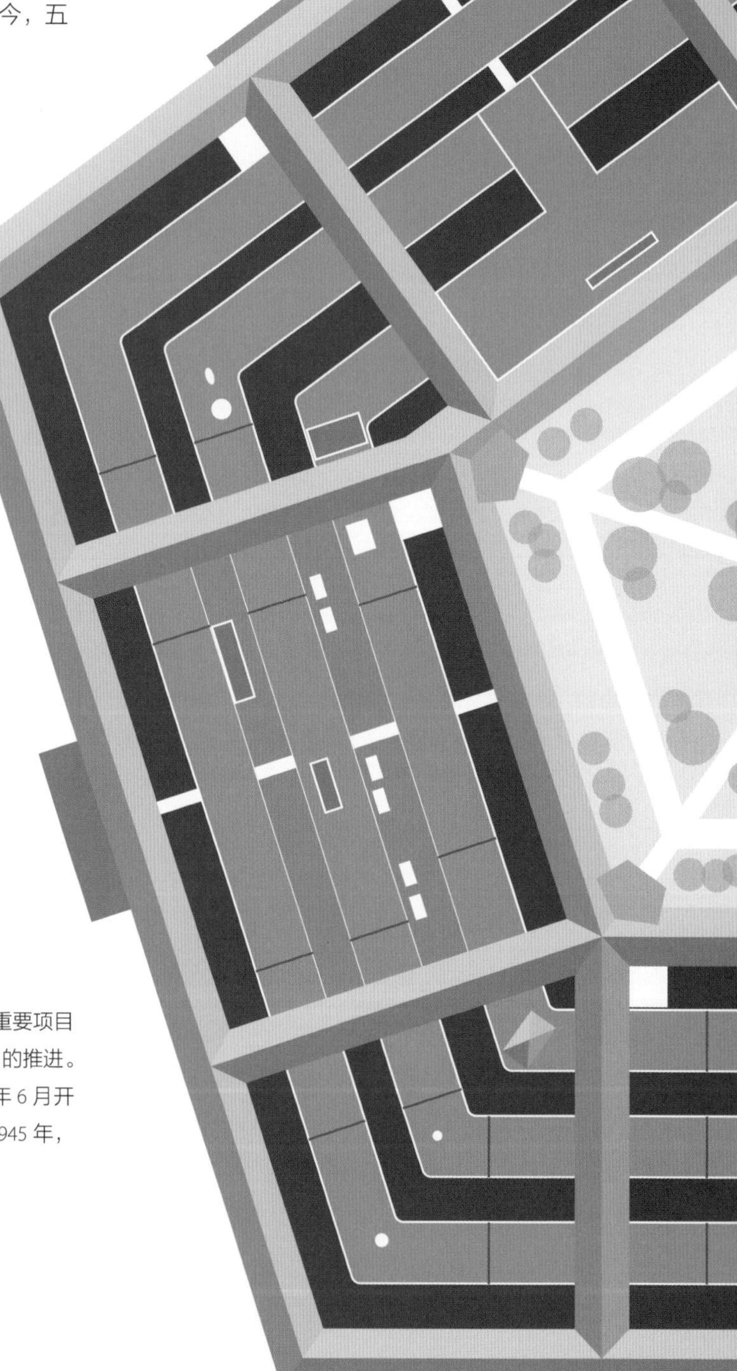

世界上最大的办公楼

五角大楼是世界上最大的办公楼，其内部拥有 60 万平方米的巨大空间。目前，世界第二大办公楼，是位于加拿大魁北克省加蒂诺市的港口广场。五角大楼的规模是港口广场的 1.3 倍。

建造成本

在五角大楼完工的那个年代，其工程造价总额为 8300 万美元，那个数字大体上相当于 2018 年的 11 亿美元左右。

工作人员人数

大约有 2.6 万名雇员在五角大楼内工作。

种族隔离

曾几何时，弗吉尼亚州的法律强制要求在所有公共建筑中实行种族隔离政策。然而，1941 年颁布的 8802 号行政命令，彻底废除了美国国防工业中的种族歧视。

莱斯利·格罗夫斯

莱斯利·格罗夫斯的军衔是陆军中将，他负责过的重要项目有两个：美国五角大楼的建设，以及“曼哈顿计划”的推进。所谓“曼哈顿计划”，指的是美国陆军部于 1942 年 6 月开始实施的利用核裂变反应来研制原子弹的计划，1945 年，美方在日本的广岛、长崎分别投下了一枚原子弹。

设施

五角大楼内拥有 9 个篮球场、284 个卫生间、691 台饮水机、7754 扇窗户，以及冥想室、祈祷室等相关设施。

五角大楼公路网

为了改善国防部工作人员上下班的交通条件，美国方面专门建成了一套全新的高速公路系统。

停车场

五角大楼前拥有一个巨大的停车场，该停车场占地总面积达到了 27 公顷，可以停放 8770 辆汽车。

281 米

走廊

五角大楼内每个楼层都有 5 条主要的走廊，其总长度达到了 28.2 千米。

快节奏

在 7 分钟内，你可以从五角大楼内的任意一点，步行抵达到另一点。

六个邮政编码

五角大楼位于美国弗吉尼亚州，然而该机构却拥有六个不同的属于华盛顿地区的邮政编码。

“原爆点”

五角大楼内的中央广场，拥有“原爆点”这样一个绰号。该绰号的由来，是未来某一天一旦发生核战争，那么五角大楼无疑将成为对手最重要的打击目标。

“9·11”恐怖袭击

2001 年 9 月 11 日，恐怖分子劫持了美国航空 77 号航班，并且操控飞机撞击了五角大楼。

不幸罹难

总共有 189 人在这次袭击事件中丧生（机上乘客 64 人，五角大楼楼内 125 人）。值得一提的是，5 名恐怖分子也全部死亡。

大火

恐怖袭击发生之后，大火吞没了五角大楼的整个侧翼。事后，消防部门总共用了 36 个小时才将大火彻底扑灭。

巧合?

“9·11 恐怖袭击”发生在五角大楼建成 60 周年纪念日的第二天，这难道是一个巧合吗?

反战抗议

五角大楼是美国国防部的总部所在地，那无疑是一座属于军事高层的建筑。曾几何时，五角大楼是美国民众反对越南战争的热门场所。

英雄礼堂

在五角大楼内部，设有一个专门的房间，该房间属于曾经获得美国军方最高荣誉勋章的 3523 名英雄。

自由女神像

纽约，美国
建造历时：9 年（1877 年—1886 年）

自由女神像是法国送给美国人民的珍贵礼物，同时也是自由和独立的完美象征。自由女神像于 1886 年完成建造，法国方面之所以会建造这样一个雕像，是为了纪念 110 年前美国宣布独立，以及 19 世纪下半叶该国做出废除奴隶制的决定。对于那些成千上万的纽约市新移民来说，自由女神像是他们在新家园看到的第一个地标性建筑，这座雕像也成为他们在美国迎来新生活的象征。

埃利斯岛

埃利斯岛距离自由女神像仅有 0.7 公里之遥，那里曾经是欧洲移民进入纽约之前的最主要检查站。值得一提的是，在埃利斯岛那块巴掌大的土地上，有超过 1200 万的各国移民正式成为了美国公民。

牡蛎资源丰富

环绕埃利斯岛以及海湾西侧的潮汐区域，曾经被巨大的牡蛎床所覆盖，那些牡蛎是莱纳佩人最为青睐的美味珍馐。数百年以来，牡蛎也成为纽约人最为热衷的美食之一。

贝德洛岛

1667 年，伊萨克 · 贝德洛买下了一个岛屿，长期以来，该岛屿始终以伊萨克·贝德洛的名字来命名。1956 年，贝德洛岛更名为自由岛。

检验检疫

18 世纪，贝德洛岛被纽约市征用，并且被用来当作天花检疫站。

自由岛

曼哈顿——2.5 公里

新泽西——0.6 公里

轮渡码头

自由女神像

伍德堡

这座城堡建于 1811 年，最初它的用途是保护纽约市免受英国方面可能的入侵。到了 19 世纪 80 年代，伍德堡已经被彻底废弃。伍德堡令人肃然起敬的星形墙壁，被改造成了自由女神像理想的底座。

票价

$ 前往自由岛的轮渡票价为 18.5 美元；如果额外支付 3 美元的话，那么你就可以登上自由女神像的皇冠——毫无疑问，这 3 美元是物超所值的！

欢迎来到纽约

19 世纪末至 20 世纪，数以百万计的各国移民乘船抵达美国纽约，而自由女神像则成为欢迎他们到来的最佳使者。

域外飞地

自由岛本来位于新泽西州的水域上，然而美国政府宣布该岛为曼哈顿的域外飞地。最终，自由岛也因此而正式归属于纽约市。

迎接自由女神像的到来

1886 年，有多达 100 万人参加了欢迎自由女神像到来的游行庆祝仪式。当游行队伍经过纽约证券交易所时，交易所的工作人员从窗口扔下了股票自动报价机打出的纸带。也正是从那时开始，纽约市拥有了独特的“纸带游行”传统。

亲自考察

自由女神像的设计者，曾经在他抵达美国的时候经过贝德洛岛。实际上也正是在那一刻，该设计者决定将自由女神像矗立在这座岛屿上。

自由照耀全世界

这是自由女神像的官方名称（法语：La Liberté éclairant le monde）。

火炬

直到1916年，游客们依然可以顺着一个40英尺（12米）长的梯子，穿过自由女神像高举火炬的臂膀，绕着火炬爬上火炬台。不过在1916年之后，自由女神像的火炬已经不再向公众开放了。

设计师

自由女神像的设计师是弗雷德里克·奥古斯特·巴索尔蒂，该座雕像是由古斯塔夫·埃菲尔建造而成的。值得关注的是，古斯塔夫·埃菲尔也是法国巴黎埃菲尔铁塔的设计者。

登高望远

自由女神像的观景平台，就在雕塑头饰的下方。值得一提的是，自由女神像的头饰上，有着代表世界七大洲的七根尖刺状光芒的形象。

筹款

$

自由女神像高擎火炬的那条臂膀，以及女神像的头部，是在整体设计完成前建造而成的，当时建造方将已经完成的女神像臂膀、头部向公众展示，以便能够筹措到更多的建造费用。自由女神像成功地吸引到了公众的注意力，也激发出了他们无穷的想象力，最终有超过12万人为该座巨大的雕像捐款。

独立日期板

自由女神像的左手中，拿着一块刻有罗马文字"JULY IV MDCCLXXVI"字样的方形板，其中文含义为"1776年7月4日"，那一天是美国《独立宣言》的签署日期，也即美国正式宣布独立的日子。

建造

最初，自由女神像是在法国建造的。随后建造方将其拆成一个一个的零部件，再将它们运送到大洋彼岸。在那之后，建造方才最终将零部件重新装配成了自由女神像。

罗马女神

自由女神像呈现了罗马神话中自由女神利伯塔斯的形象。

外层遮盖结构

自由女神像是世界上最先拥有外层遮盖结构的建筑之一。需要注意的是，自由女神像的外层遮盖结构无法承重，整个雕塑是由内部的框架支撑的。

断链

实际上，自由女神像是一个动态的形象，因为她正在跨过一条断链。根据雕像设计者的想法，那条断链象征着获得自由。从自由女神像的后方，你可以清楚地看到她抬起来的脚后跟。

《新巨人》

"把你，那劳瘁贫贱的流民，那向往自由呼吸，又被无情抛弃，那拥挤于彼岸悲惨哀吟，那骤雨暴风中翻覆的惊魂，全都给我！"这些著名的诗句，出自于美国犹太女诗人爱玛·拉扎露丝的十四行诗《新巨人》，她之所以会创作这样一首诗，是为了帮助筹措建造自由女神像的资金。

重新修缮

1938年、1984年至1986年、2011年至2012年，美国方面三次对自由女神像进行了修缮。

白宫

华盛顿特区，美国
建造历时：8 年（1792 年—1800 年）

毫无疑问，白宫是全世界最著名的建筑物之一，它象征着华盛顿特区、美国总统府以及美国。白宫是新古典主义建筑风格的典型代表，它已经在成百上千部电影、电视连续剧作品中出现。自 1800 年的约翰·亚当斯之后，每一位美国总统在任时都会居住在白宫。

名字的演变

在过去相当长的一段时间里，白宫的名字都是“行政官邸”。直到 1901 年，西奥多·罗斯福担任美国总统之后，该建筑群才正式更名为“白宫”。

地址

白宫的地址是：华盛顿特区西北宾夕法尼亚大道 1600 号。这可能是世界上最著名的地址了。

总统公园

白宫周围环绕着一个面积达到 313536 平方米的公园，那就是总统公园。国家公园管理局负责管理该公园。

西厅

西厅是总统行政办公室工作人员的办公地点。此外，内阁会议室、战情室、罗斯福会议室以及白宫新闻记者团办公所在地也都位于西厅。

房间总数

白宫内拥有 132 个房间，以及 35 个浴室。白宫建筑群内甚至还有一个巧克力店、一个音乐室以及一个保龄球馆。

新闻中心

白宫剧院

行政官邸

玫瑰园

肯尼迪花园

白宫南草坪

篮球场

东厅

东厅内部是第一夫人及其工作人员的办公室。此外，游客入口也在东厅。

椭圆形办公室

椭圆形办公室绝对是白宫内最重要的房间了，因为那里是美国总统最为主要的工作场所。

直升机停机草坪

美国总统的直升专机为“海军一号”，它在南草坪的中央区域起降。

游泳池

1975 年，时任美国总统的杰拉尔德·福特在白宫内建造了一个游泳池。

蔬菜园

前第一夫人米歇尔·奥巴马在白宫内创建了一个有机蔬菜园，她甚至还在南草坪那里布置、安装了一个蜂巢。

慢跑跑道

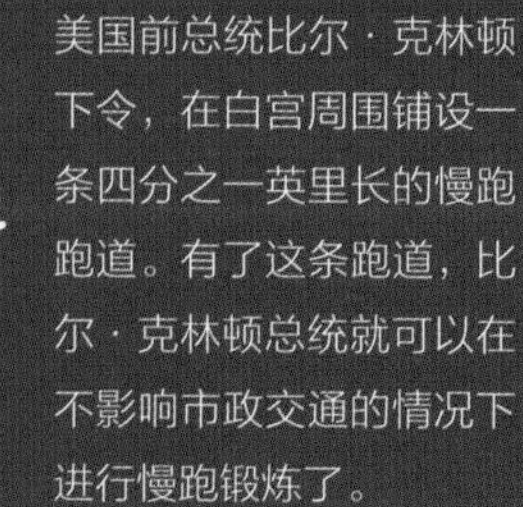

美国前总统比尔·克林顿下令，在白宫周围铺设一条四分之一英里长的慢跑跑道。有了这条跑道，比尔·克林顿总统就可以在不影响市政交通的情况下进行慢跑锻炼了。

美钞图案

20 美元钞票背面的图案，就是白宫。

美国国家圣诞树

自从 1923 年以来，白宫一直摆放着一棵圣诞树。按照惯例，每一年的 12 月初，时任美国总统都会点亮该圣诞树，这已经成为美国的一个传统。

行政官邸

白宫建筑群内最主要的建筑物，便是美国国家元首的官邸。

电力供应

在 1891 年正式通电之前，白宫内部一直使用煤气灯来照明。

美国国旗

美国国旗上的 50 颗星星，代表着这个国家的 50 个州；13 条红白相间的条纹，则代表着 1776 年签署《独立宣言》的 13 个殖民地。

防弹玻璃

白宫内的每一扇窗户，都安装了防弹玻璃。

杜鲁门阳台

1948 年，时任美国总统的哈里 · S. 杜鲁门在椭圆形办公室外增加了一层阳台，即所谓的“杜鲁门阳台”。

林肯卧室

现如今，“林肯卧室”是一间客房套间。当年，时任美国总统的亚伯拉罕 · 林肯曾经把该房间当作自己的办公室。

二层和阁楼

二层和阁楼，都是总统及其家人的私人生活空间。

总统卧室

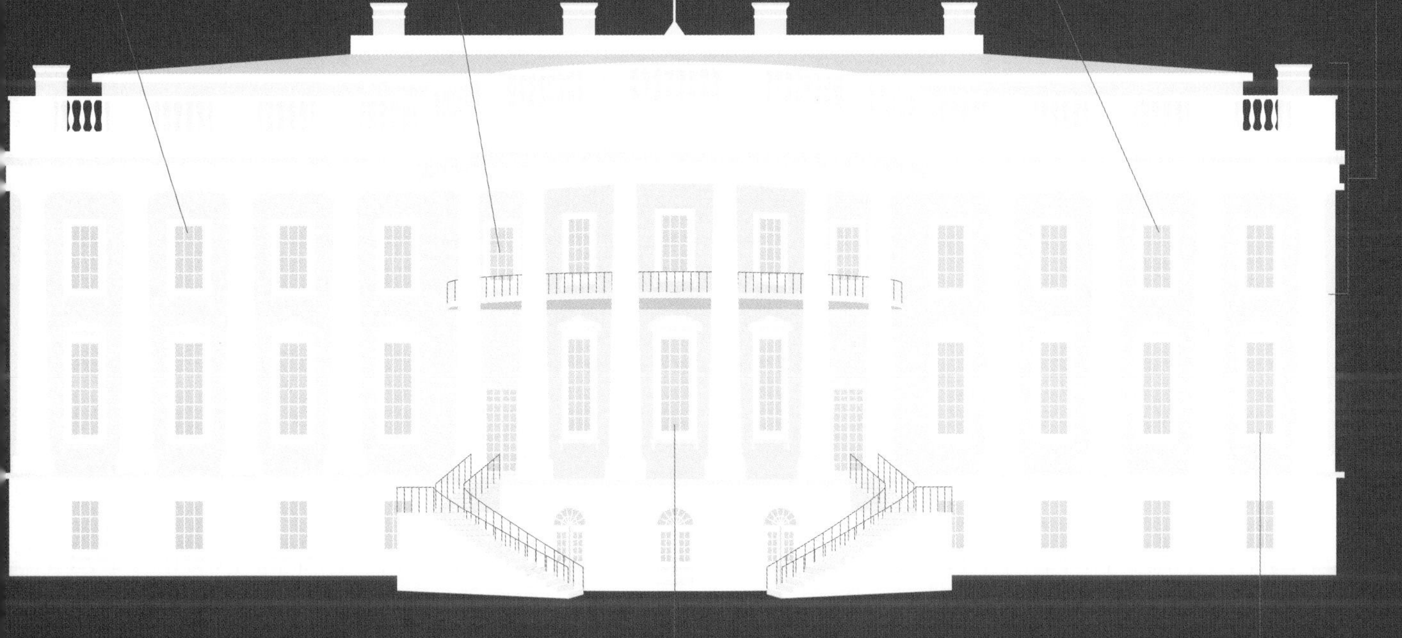

地下室

地下室内的房间，属于白宫的木匠、工程技术人员、花卉设计师以及牙科医生等工作人员。

蓝屋

自从 1837 年以来，蓝屋一直都是蓝色的。蓝屋的用途，是欢迎来访的各国领导人，以及举行小规模的宴会。

东屋

东屋是一个大型的宴会厅。

安保

在安保方面，白宫受到美国特勤局以及美国公园警察部门的协同保护。

封闭的空域

白宫及其周围的空域，严格禁止所有飞行器进入。与此同时，白宫周围还布置有地对空导弹来保护附近的空域。

去世在白宫

迄今为止，总共有两位美国总统、三位第一夫人在白宫去世。

世界贸易中心

曼哈顿，纽约，美国
建造历时：6 年（1967 年—1973 年）

2001 年 9 月 11 日发生的那起悲剧性恐怖袭击事件，让世界贸易中心为世人所熟知。然而客观地说，仅仅凭借其卓越的设计理念以及创造性的建造过程，世界贸易中心是完全有资格载入人类建筑史册的。

1973 年世界贸易中心正式竣工，当时其双子塔是世界上最高的建筑物：具体来看，南塔高 415.1 米（1362 英尺），另外一个塔——北塔则稍高一些，为 417 米（1368 英尺）。当时，南塔是一座 110 层的建筑物，其楼层数比世界上其他任何一座建筑都要更多。这一纪录，直至 2010 年哈利法塔向公众开放才被打破。

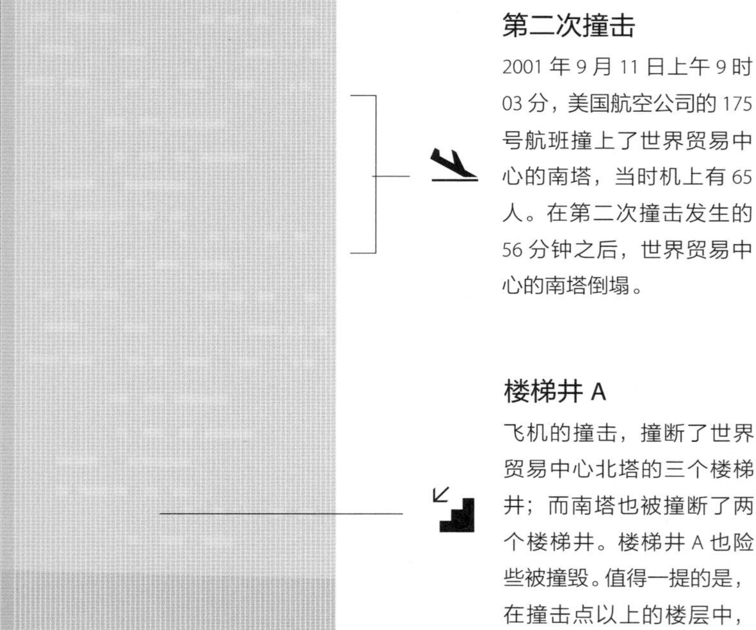

危险的高空行走

1974 年，高空行为艺术家菲利普·佩蒂特偷偷潜入了世界贸易中心，他在南北两座塔楼之间牵起了一条缆绳。随后，菲利普·佩蒂特在缆绳上行走，他就这样在双子塔之间行走了八个来回。当时，世界贸易中心楼下的人群都在疯狂地为菲利普·佩蒂特送上欢呼。

9·11 恐怖袭击事件

2001 年，世界上最可怕的恐怖分子袭击了世界贸易中心。当时，两架被恐怖分子劫持的飞机先后撞向世界贸易中心，该次恐怖袭击事件总共造成 2606 人不幸遇难（不含五角大楼的遇难人数）。

第一次撞击

2001 年 9 月 11 日上午 8 时 46 分，美国航空公司的 11 号航班撞上了世界贸易中心的北塔。当时，该架航班上总共有 92 人。在撞击发生 102 分钟之后，北塔倒塌。

第二次撞击

2001 年 9 月 11 日上午 9 时 03 分，美国航空公司的 175 号航班撞上了世界贸易中心的南塔，当时机上有 65 人。在第二次撞击发生的 56 分钟之后，世界贸易中心的南塔倒塌。

唯一的影像资料

现如今，只有一段珍贵的影像资料，完整地记录了当时第一架美国航空公司航班撞击北塔的整个过程。

楼梯井 A

飞机的撞击，撞断了世界贸易中心北塔的三个楼梯井；而南塔也被撞断了两个楼梯井。楼梯井 A 也险些被撞毁。值得一提的是，在撞击点以上的楼层中，有 18 人幸运的得以被疏散。

牺牲的英雄

总共有 412 名负责现场营救的工作人员不幸牺牲。

世界最高建筑

在 1971 年至 1973 年间，世界贸易中心的北塔一直占据着“世界最高建筑物”的宝座。如果算上其高度达到 110 米（360 英尺）的天线，那么北塔的总高度将达到 527 米（1728 英尺）。

振奋人心的构想

越高的建筑物，其所需要的电梯就越多，这基本上可以说是一个常识了。不过大家都知道，电梯会占用宝贵的楼内空间。在设计世界贸易中心双子塔的过程中，设计师们以纽约地铁为灵感，创造性地提出了一个全新的方案，从而达到节约楼内空间的效果。具体来说，在两个“空中大厅”里，人们可以从一个大而快速的电梯，换乘一个较小的分支电梯。

建造成本

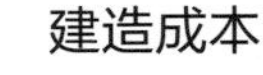

1973 年，世界贸易中心的建造成本为 4 亿美元，大约相当于今天的 21 亿美元。

办公空间

世界贸易中心内部拥有 93 万平方米的办公空间，可以容纳多达 5 万名工作人员。

撞击点及更高楼层的死亡人数

1 万名工人

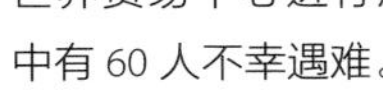

当时，有超过 1 万名工人在世界贸易中心进行施工，其中有 60 人不幸遇难。

超级管形结构

世界贸易中心的两座塔楼边缘，都围绕着由超高强度钢柱组成的管形支撑框架。这一极具开创性的重大创新，节约了更多的空间。更加重要的是，管形结构这一设计方案更加节省建筑材料：该方案所需要的结构钢材，要比传统设计方案所需的钢材少四成。

1993 年爆炸案

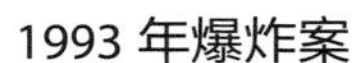

“9 · 11 恐怖袭击”事件的 8 年之前——即 1993 年，一辆装有炸弹的卡车在世界贸易中心北塔楼下的车库内爆炸。那起爆炸事件最终造成了 6 人死亡。

世界贸易中心一号大楼

曼哈顿，纽约，美国

建造历时：8 年（2006 年—2014 年）

世界贸易中心一号大楼直到 2014 年才正式开门迎客。然而即便如此，世界贸易中心一号大楼依然被认为是整个纽约市的标志性建筑。

世界贸易中心一号大楼的服务极具特色，它能够为租户提供更多的合作机会以及成长、发展空间。世界贸易中心一号大楼是一个多层次的、充满活力的家园，上至全球顶级跨国财团，下至草根初创企业，都能够在其中找到属于自己的天地。

世界贸易中心一号大楼，是在原世界贸易中心北塔的旧址上建造的。值得一提的是，世界贸易中心一号大楼的安保水平，已经远远超出了纽约市建筑物的平均标准。毫不夸张地说，世界贸易中心一号大楼堪称是世界上最为安全的建筑物之一。

世界贸易中心一号大楼观景平台

只需 47 秒钟，游客就能从地面迅速抵达世界贸易中心一号大楼的观景平台。由于该建筑位于曼哈顿下城区，因此站在世界贸易中心一号大楼的观景平台上，游客们能够以一个无与伦比的视角看到自由女神像。

自由塔

在 2009 年之前，该建筑的名字是“自由塔”。2009 年，该建筑正式更名为“世界贸易中心一号大楼”。

建设成本

2012 年，根据有关方面的估计，世界贸易中心一号大楼的建设成本约为 39 亿美元，它也因此而成为当时世界上造价最高的建筑物。

安保

世界贸易中心一号大楼的设计方案，使得它成为世界上最为安全的建筑物。

1776 英尺

世界贸易中心一号大楼从地面到尖顶的高度，被刻意地设计为 1776 英尺（约 541 米）。之所以将该建筑设计成这一高度，是为了暗合美国《独立宣言》的签署年份。

北美最高建筑物

世界贸易中心一号大楼是北美大陆、甚至是整个西半球最高的建筑物，同时它也是世界第六高的建筑物。

417 米

世界贸易中心一号大楼与之前世界贸易中心北塔等高——同为 417 米。

世界贸易中心总平面图

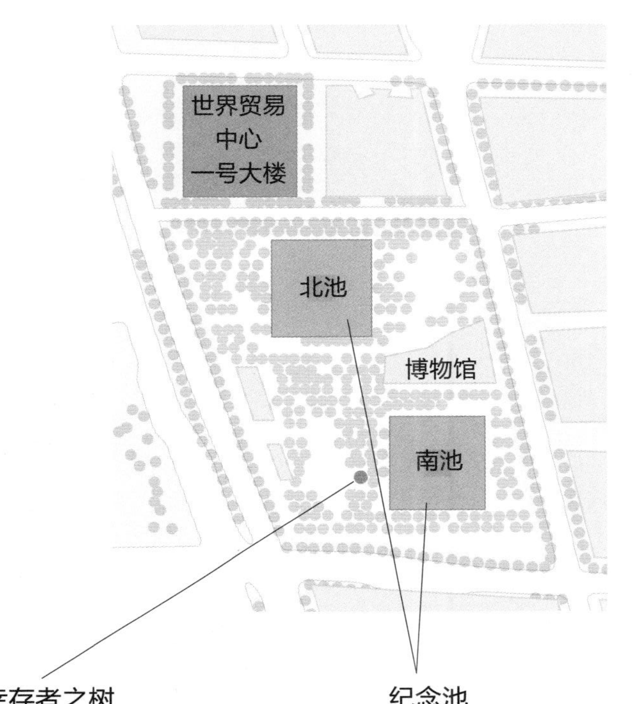

幸存者之树

在世界贸易中心的塔楼倒塌之后，人们在瓦砾下发现了一棵小梨树。令人惊讶的是，这棵梨树居然顽强地活了下来，目前它已经被移植到了遗址纪念馆内。

纪念池

世界贸易中心南塔、北塔的地基，现在已经变成了两个巨大的“反思池”。值得一提的是，这两个水池拥有整个北美大陆规模最大的人工瀑布。

混凝土基座

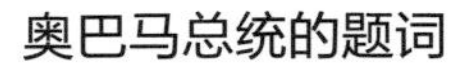

世界贸易中心一号大楼建设在一个 56 米（174 英尺）高的混凝土基座上，这一设计，能够让该建筑免受任何来自于地面的攻击。

奥巴马总统的题词

在世界贸易中心一号大楼塔顶的钢梁上，美国前总统巴拉克·奥巴马写道：“我们永远铭记，我们卷土重来，未来我们将更加强大！”

电梯

世界贸易中心一号大楼拥有 71 部电梯，搭乘这些电梯，游客们不到 60 秒钟便能够到达该建筑物的顶部。有意思的是，世界贸易中心一号大楼的电梯速度，与尤塞恩·博尔特的冲刺速度一样快。

奠基

2004 年，世界贸易中心一号大楼举行了奠基仪式，时任纽约市市长的迈克尔·布隆伯格出席仪式。在重达 20 吨的花岗岩石上，雕刻有“持之以恒的自由精神”的字样。

救世基督像的每一只手都重达 8 吨，值得一提的是，建造者还在其双手上都雕刻出了耶稣因被钉上十字架而留下的伤痕。

南美洲

巴西利亚

联邦区，巴西
建成时间：1960 年

巴西利亚堪称是现代主义建筑风格以及城市规划的一个伟大杰作，它是为巴西联邦共和国专门建设而成的全新的首都。巴西利亚的正式建成，实现了巴西这个南美国度长期以来的梦想。一直以来，巴西民众都渴望祖国的首都能够位于国家的核心位置。

巴西利亚的行政区域，以一个对称的模式分布在一条中央大道的周围，该中央大道位于一个人工湖的湖畔。巴西利亚市内拥有许多标志性的公共建筑，这些建筑都是出自巴西著名的建筑设计师奥斯卡·尼迈耶尔之手。2017 年，巴西利亚被联合国教科文组织认定为“设计之城”。

建成

巴西利亚建成于 1960 年，毫无疑问，这是一个全新的、目的指向性极强的城市：巴西民众建设它的目的，就是为了取代里约热内卢并且成为国家的新首都。

国家的心脏

1891 年，巴西第一部共和宪法明确规定，该国首都应该从人口稠密的大西洋沿岸地区，迁移到更加靠近国家中心区域的内陆地区。

世界遗产

1987 年，巴西利亚因其突出的国际价值，被联合国教科文组织列入了世界遗产名录。

纪念轴

“纪念轴”是巴西利亚的中央大道，拥有世界上最宽的双车道中央预留区域。目前，巴西利亚市内很多重要的标志性建筑，都在这条中央大道的两侧。

库比切克大总统纪念馆

库比切克大总统纪念馆是巴西民众为纪念前总统库比切克而建造的。1956 年至 1961 年，库比切克担任巴西总统，正是他下令建造了巴西利亚这座伟大的城市。

构筑梦想

以“白手起家”的方式建设一座城市，就有可能让大规模的艺术化城市设计理念成为现实。值得关注的是，在 20—21 世纪的一百余年时间里，总共有 13 座专门建设的城市被其所属的国家定为首都，而巴西利亚也正是其中之一。

土著人民纪念馆

城市分区

根据城市功能，巴西利亚市被划分成了不同的区域，其中包括酒店区域、银行区域、住宅区域、体育运动区域以及大使馆区域。

巴西利亚大教堂

国会大厦

对称性

以一种近乎完美对称的方式，城市规划师卢西奥·科斯塔、建筑设计师奥斯卡·尼迈耶尔设计出了巴西利亚这座城市。从空中俯瞰，巴西新首都像极了一只展翅腾空的飞鸟。

人口

巴西利亚市有 300 万居民，以人口论，该座城市是巴西第三大城市。

帕拉诺阿湖

帕拉诺阿湖是一个人工湖，它为巴西利亚提供城市供水并保持湿润的环境。

住宅轴线

巴西利亚的住宅区域，由 108 个超级街区所共同组成，这些超级街区都被设计成为了能够自给自足的街区。

经济

巴西利亚市的人均国民生产总值达到了 21779 美元，该市是整个拉丁美洲所有城市中人均国民生产总值最高的一个。

国会大厦

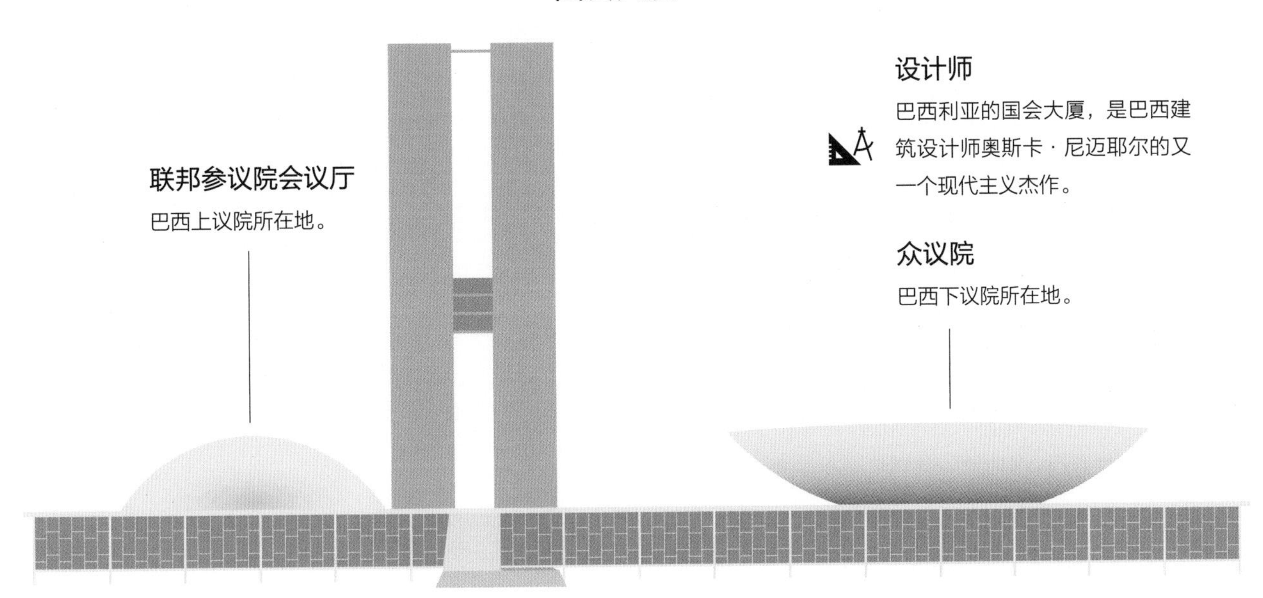

联邦参议院会议厅

巴西上议院所在地。

设计师

巴西利亚的国会大厦，是巴西建筑设计师奥斯卡·尼迈耶尔的又一个现代主义杰作。

众议院

巴西下议院所在地。

地下隧道

国会大厦的一部分建筑，在地下通过隧道相互连接。

位置

巴西利亚国会大厦位于该市纪念轴的中心位置。

巴西利亚大教堂

巴西利亚大教堂是巴西利亚市内最漂亮的建筑物之一，该座教堂引人注目的混凝土结构，以及绚烂华丽的玻璃屋顶，似乎向天堂敞开了大门。

设计师

巴西利亚大教堂这样一个极具现代主义风格的建筑，同样是奥斯卡·尼迈耶尔的设计作品。需要关注的是，奥斯卡·尼迈耶尔不仅是巴西首都公共建筑的首席设计师，他还是联合国纽约总部的联合设计师。

柱子

巴西利亚大教堂拥有一个由 16 根相同混凝土柱组成的双曲面结构，每根混凝土柱都重达 90 吨。

玻璃穹顶

玻璃穹顶 2000 平方米的彩色玻璃，能够将自然光转变成蓝、绿两色，以便照亮巴西利亚大教堂的内部。

水池

巴西利亚大教堂屋顶的周围，环绕着一个 12 米（39 英尺）宽的水池，该水池能够起到降低教堂内部温度的作用。

入口

想要进入巴西利亚大教堂，游客必须要穿过水池下方一条黑暗的隧道。在那之后，游客才能进入到明亮的巴西利亚大教堂内部。

隐藏之美

实际上，巴西利亚大教堂的大部分区域都位于地平面以下。如果是站在教堂外的地面上，游客只能看到该座建筑高达 70 米（230 英尺）的屋顶结构。

里约热内卢

巴西
建成时间：1565 年

在整个南半球，里约热内卢都堪称是游客最多的城市之一。2017 年，里约热内卢被联合国教科文组织授予了“世界文化遗产”的称号，作为第一个获此殊荣的城市景观类文化遗产，该城市已经得到了全世界的认可。里约热内卢市内拥有丰富多样的自然环境资源，为数众多的潟湖、迷人的海滩、陡峭的山脉、美丽的岛屿、茂密的雨林都在那里有机地结合在了一起。一言以蔽之，里约热内卢，本身就是一个集特色建筑、美丽公园、热情民众于一体的完美综合体。

建筑

里约热内卢是被联合国教科文组织评选出的第一个“世界建筑之都”，2020 年该座城市正式获得这一殊荣。

面包山

想要到达面包山的山顶，游客既可以选择乘坐壮观的缆车，也可以选择自己攀岩。在里约热内卢市的周围，有着许多陡峭的山脉，这一事实使得这座巴西城市成为世界上最大的城市登山目的地之一。

基督山

基督山是一座 710 米（2330 英尺）高的山，救世基督像就矗立在该座山峰的峰顶。在葡萄牙语中，“基督山”的名字是“Corcovado”，意为“驼峰”。

蒂茹卡国家森林公园

蒂茹卡国家森林公园是世界上最大的城市雨林，其面积超过了 32 平方千米（12.4 平方英里）。

救世基督像

科帕卡巴纳海滩

科帕卡巴纳海滩是世界上最著名的海滩之一，它长约 4 千米（2.5 英里），海滩的两端建有极具历史意义的堡垒。值得一提的是，国际足联曾经多次在科帕卡巴纳海滩举行沙滩足球世界杯赛。

罗德里戈 · 弗雷塔斯潟湖

对于划艇爱好者来说，罗德里戈 · 弗雷塔斯潟湖是一个天堂一般的地方。在 2016 年里约热内卢夏季奥运会期间，罗德里戈 · 弗雷塔斯潟湖曾经承办了皮划艇项目的比赛。

伊帕内玛海滩

伊帕内玛海滩及其周围地区，以超级繁荣的社会景象而闻名于世。20 世纪 60 年代，巴西波萨诺瓦歌曲《伊帕内玛女孩》风靡全球，那首脍炙人口的歌曲，也让伊帕内玛海滩成为里约热内卢市内的最佳旅游目的地之一。

亚尔丁植物园

亚尔丁植物园是一个非常美丽的植物天堂，那里拥有超过 6500 种植物，其中很多都是濒临灭绝的珍稀品种。亚尔丁植物园的研究中心内拥有一个非常棒的植物图书馆，里面有超过 3.2 万册藏书。

罗德摇滚耀里约

1994 年新年前夜，英国摇滚天王罗德 · 斯图尔特在里约热内卢举行的摇滚音乐会，总共吸引了 350 万名歌迷，那也是历史上观众人数最多的演唱会。

巨大的救世主

经过 9 年的建造，救世基督像于 1931 年正式完工。救世基督像高 30 米（98 英尺），它矗立在 8 米（26 英尺）高的基座上。救世基督像双臂水平张开，其双手指尖之间的距离，达到了 28 米（92 英尺）。

救世基督像

早在 1850 年，就已经有人提议在基督山上修建一座基督教纪念碑，然而直到 1922 年，一个里约热内卢当地的天主教团体，才筹集到了建造一座雕像的足够资金。当时巴西国内民众普遍缺乏信仰，该天主教团体希望用这样一座宗教雕像，来唤起人们心中的信仰。

新世界奇迹

2007 年，救世基督像被列入了世界新七大奇迹名单。

头部

救世基督像的头部，被雕刻成了面朝大地的样子，因为这样一来，他就可以从高处俯瞰整个里约热内卢市。救世基督像的头部重约 30 吨。

巨大的手

救世基督像的每一只手都重达 8 吨，值得一提的是，建造者还在其双手上都雕刻出了耶稣因被钉上十字架而留下的伤痕。

闪电

里约热内卢地处热带，这一特殊的地理位置，使得该座巴西都市成为世界上闪电出现频率最高的城市之一。为了避免遭到闪电的破坏，救世基督像的头部、手部都安装有避雷针，然而即便如此，频发的闪电依然给这座伟大的雕像造成了伤害。在 2014 年巴西世界杯开赛前不久，闪电就击中过救世基督像右手的中指指尖。

设计

救世基督像是由法国雕塑家保罗·兰多夫斯基以艺术装饰风格设计的，该雕像也是世界上最大的艺术装饰风格的雕像。至于救世基督像的建造者，则是巴西当地工程师海托尔·达·席尔瓦·科斯塔。

心脏

救世基督像拥有一颗由石材雕刻而成的心脏，该石质心脏被深深地藏在雕像内部，人们从外面无法看到它。

各式各样的设计

在救世基督像众多的设计图纸中，有一种设计是基督一手拿着十字架，另外一只手则托着地球。然而在最终的设计定稿中，救世基督像却是张开双臂、双手空空，这个设计方案向全世界传达出了和平、悲悯的理念。

皂石砖

为了建造救世基督像，里约热内卢方面从瑞典进口了大约 600 万块皂石砖，它们为枯燥的混凝土结构增添了一抹亮色。值得关注的是，很多皂石砖的背面，都有工人们留下的隐秘信息。

楼梯

救世基督像拥有一个用于维修的隐蔽楼梯，其入口处位于基督像右脚脚踝的位置。

小教堂

在救世基督像基座的内部，还有一个小教堂。2003 年，里约热内卢方面给救世基督像安装了自动扶梯、电梯以及人行通道，这样一来，前来参观游览的人们，就能够登上该雕像脚部附近的平台了。

钢筋混凝土

整个救世基督像，都是由钢筋混凝土和皂石砖打造而成的。有意思的是，救世基督像是分成几个不同的部分建造的，在各部分全部完成之后，工程技术人员将它们运送到基督山山顶，并最终组装成为救世基督像。

重量

救世基督像重达 635 吨，其重量与 3 头蓝鲸的总重量相仿。

最高基督雕像之一

救世基督像是全世界第 6 高的基督雕像。目前，世界上最高的基督雕像在波兰，其高度为 36 米（118 英尺）。虽然救世基督像不是世界上最高的基督像，但它毫无疑问是世人最为熟知的一座。

恶意破坏

2010 年，有破坏者在救世基督像的一条胳膊上喷洒油漆。后来，这些破坏者选择向警方自首，并且为他们的行为进行了道歉。

工程造价

当年，救世基督像的造价约为 25 万美元，那笔钱大约相当于今天的 350 万美元。

摩艾（复活节岛石像）

复活节岛，智利
建造历时：大约 250 年（1400 年—1650 年）

最近三个世纪以来，太平洋复活节岛上那些令人叹为观止的摩艾石像，吸引了无数探险家和游客的注意力，并且激发出了他们无穷的想象力。复活节岛石像体型巨大，它们高约 10 米（33 英尺），重约 86 吨，且都是由单块的火山岩雕刻而成。在整个复活节岛上，大约有 1000 个这样整齐排列的巨大石像，人们猜测，这些复活节岛石像，很有可能是代表着古代波利尼西亚人的祖先。无比神秘的复活节岛石像充满了艺术之美，此外我们可以确定的是，要想成功雕刻出如此之多的巨型石像，建造者必须具备令人难以置信的创造力、组织行动力，以及坚持不懈的精神。

孤悬海外

在全世界所有有人类居住的岛屿当中，复活节岛是最为偏僻的岛屿之一。从地理位置上来看，复活节岛距离南美大陆 3512 千米（2182 英里），距离最近一个有人居住的岛屿，也有 2075 千米（1289 英里）之遥。

人口

1722 年，复活节岛上生活着大约 2000 人至 3000 人。到了 1877 年，由于欧洲殖民者的奴役，以及各种疾病的肆虐，复活节岛上就只剩下 111 名土著居民了。

欧洲殖民者

1722 年，荷兰探险家雅各布 · 罗格文成为第一个抵达复活节岛的欧洲人。当时，雅各布 · 罗格文及其从属在复活节岛上遭到了当地土著人的殊死抵抗。

内战

1722 年，大多数摩艾石像已经矗立在了复活节岛上。然而到了 1838 年，几乎所有的摩艾石像都被推倒在地。现在看来，那极有可能是复活节岛上的原住民之间部落冲突的结果。

首批冒险者

据估计，波利尼西亚人有可能是在公元 1200 年前后到达的复活节岛。现在看来，在抵达复活节岛之后，古代波利尼西亚人极有可能在第一时间就开始建造摩艾石像了。

∴ – 单个的摩艾石像（已完成）
■ – 海滨祭坛

努努海滨祭坛

努努海滨祭坛的 7 个复活节岛石像都已经被掀翻，在过去几个世纪的漫长岁月里，它们一直被深埋于沙土当中。当然，也正是由于这个原因，努努海滨祭坛的 7 个复活节岛石像，才成为了保存最为完好的样本。

阿吉维海滨祭坛

阿吉维海滨祭坛有 7 个复活节岛石像，它们也是仅有的面朝大海的复活节岛石像。

复活节岛

当地人称之为“拉帕努伊岛”。

普意克之战

17 世纪，复活节岛上的原住民部落之间发生了一次决定性的战争，也即普意克之战。最终，胜利的部落停止了复活节岛石像的建造。

拉诺拉拉库火山采石场

通伽利基海滨祭坛

拉帕努伊博物馆

这里保存有唯一一个女性形象的复活节岛石像。

复活节岛石像工厂

这座美丽的火山，就是雕刻师为复活节岛石像选取石料的主要采石场。大约有 95% 的复活节岛石像，都是在这里被雕刻而成的，在那之后，它们才会被运送到岛内的各个最终摆放地点。

尚未完成的巨大石像

这里还有一个尚未完工的复活节岛石像，它的高度达到了 21 米（69 英尺）。如果完工的话，该复活节岛石像的重量将达到 145 吨至 165 吨。

荷亚 · 哈卡纳奈

荷亚 · 哈卡纳奈，是那些被人“盗走”并运送至欧洲的复活节岛石像的原始位置。

普纳帕乌

普纳帕乌是一个采石场，那里拥有独一无二的红色岩石，绝大多数的“普考”都是在这里雕刻而成的。“普考”指的是某些复活节岛石像头顶上的“帽子”。

“被盗”的复活节岛石像

1869 年，荷亚 · 哈卡纳奈作为礼物被带到了英国，它被送给了维多利亚女王。当时，荷亚 · 哈卡纳奈是仅有的几个直立状态的摩艾石像之一。目前，荷亚 · 哈卡纳奈被保存在英国伦敦的大英博物馆。

拉帕努伊人认为，荷亚 · 哈卡纳奈是被英国人盗走的复活节岛石像，他们一直要求英国方面归还该石像。

荷亚 · 哈卡纳奈

这是唯一一个不在复活节岛上的摩艾石像。

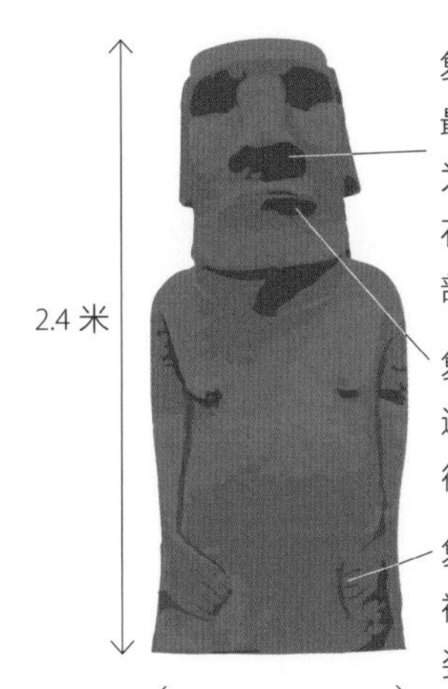

复活节岛石像的鼻子是最先被雕刻出来的，因为这个部位能够确定该石像的对称性，以及各部位之间的比例关系。

复活节岛石像的嘴部，通常被雕刻成一个嘴唇很薄的噘嘴形象。

复活节岛石像的双手，被雕刻在其腹部，这个姿势能够传达出尊敬的意味。

并非仅限于头部

摩艾石像也被称为“复活节岛头像”，这是因为，它们的头部往往占据了整个石像当中的很大比例，甚至比躯干还要大很多。此外，“复活节岛头像”这个名字，还来源于一张特殊的照片。在照片中，150 个人头散落在拉诺拉拉库火山的斜坡上，而他们的尸体则被掩埋在地下。

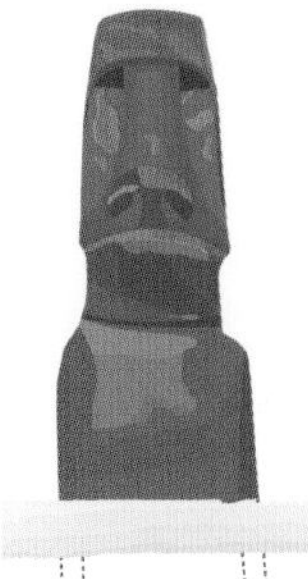

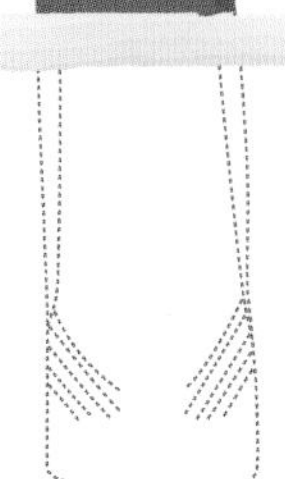

复活节岛石像的相关数据

平均高度：4 米（13 英尺）
平均底座宽度：1.6 米（5.2 英尺）
平均重量：12.5 吨

石材来源于火山

几乎所有的复活节岛石像，都是由凝灰岩所雕刻而成的。凝灰岩是一种被压缩紧致的火山灰，这种岩石的硬度相对来说比较低，因此适合用来作为雕刻的石料。

帕罗

“帕罗”原本是复活节岛上最高的摩艾石像，其身高接近 10 米，重达 82 吨。

9.8 米

“帕罗”处于直立状态的样子。

今时今日，“帕罗”和它的石质“帽子”已经被翻倒在地。

复活节岛石像的“石帽”

雕刻所需时间

据估计，要想成功地雕刻出一个复活节岛石像，大约需要短到几周、长至一年的时间。

看守者

复活节岛石像被安置在远离海洋、村庄的地方，似乎他们存在的目的，就是为了要守护拉帕努伊人。

运输方式

成百上千年前的人们，究竟是如何移动复活节岛石像的呢？时至今日这依然是一个待解之谜。一种可能性很大的猜测认为，当年的岛民们先是用绳索捆绑住复活节岛石像的两侧，然后依次拉扯两侧的绳索，这样石像就能一点一点地朝着预定的方向移动了。

通伽利基海滨祭坛

通伽利基海滨祭坛是复活节岛上规模最大的海滨祭坛，总共有 15 个摩艾石像矗立在那里。1960 年，海啸侵袭了复活节岛，通伽利基海滨祭坛上的摩艾石像被冲向了岛内，在那之后，复活节岛便需要进行大规模的修缮工作了。

石帽

15—16 世纪，这些由红色岩石制成的“帽子”，被放置在了复活节岛石像的顶部。现在看来，那些石帽极有可能代表着复活节岛上的酋长们所佩戴的头巾。

海滨祭坛

一些复活节岛石像，被放置在石头垒成的平台上，这些平台就是“海滨祭坛”。

古代天文学

在夏至前后的那几天，通伽利基海滨祭坛上的复活节岛石像们，都面朝日落的方向。

最重的一个

在所有复活节岛石像当中，最重的一个达到了 86 吨，它比航天飞机还要重 15 吨。

马丘比丘

库斯科地区，秘鲁
建造开始时间：约 1450 年

马丘比丘坐落在一个被悬崖峭壁环绕的山顶之上，它四面通风，是现存最为完好的印加城市。毫无疑问，马丘比丘是印加文明这样一个先进文明的标志性建筑群。

16 世纪上半叶，马丘比丘遭到了废弃，直到 20 世纪初的 1911 年，它才重新被西方文明所发现。马丘比丘是一座建造在云层当中的伟大城堡，今时今日，每一位游客都会惊叹于这一伟大建筑所呈现出来的惊人创造力以及艺术魅力。

1983 年，马丘比丘被联合国教科文组织列入了世界遗产名录，这是世人对其超高文化价值的最大认同。

合法的“赃物”

根据秘鲁相关法律的规定，考古所得的文物归考古人自己所有。因此，在马丘比丘发现的很多文物，都被“合法”地带到了美国，目前它们陈列在耶鲁大学博物馆内。

重建

马丘比丘的绝大部分建筑物都已经成为废墟，为了让游客们更好地了解该城堡在全盛时期的面貌，秘鲁方面必须对其进行全面的修缮。

印加洞穴

“印加洞穴”是一种特殊的洞穴。在皇家太阳节期间，出身高贵的少年男子进入“印加洞穴”中，他们要在那里接受一个刺穿耳朵的成人礼仪式，并且观看旭日升起。在那之后，这些少年男子就进入到了成年。

重见天日

1911 年，耶鲁大学讲师希拉姆·宾汉姆询问秘鲁当地一位农民，“你是否知道哪里存在印加遗迹？”随后那个农民将希拉姆·宾汉姆带到了山顶上一座废弃的城市，当时那里长满了茂密的植被。偶然之间，希拉姆·宾汉姆便发现了有史以来最为伟大的考古发现之一。

神圣之石

揽日石（栓日石）

揽日石是一块在祭祀仪式上使用的石头。在冬至这一天，揽日石直接指向太阳的方向。现在看来，揽日石的用途极有可能是一个天文钟，也有可能是一个日历表。

皇家宫殿

太阳神庙

因蒂是印加神话中的太阳神，而太阳神庙正是为了祭祀因蒂而建造的。在冬至这一天，阳光从中央之窗射入太阳神庙，并且直接照射在一块需要在祭祀仪式使用的石头上。

三窗神庙

三窗神庙的三扇窗户，象征着宇宙的三个时空：地下（Uku-Pacha）、天堂（Hanan-Pacha）以及现在（Kay-Pacha）。

采石场

葬礼之石

墓地

乌鲁班巴河

人口

现如今，大约有 750 人住在马丘比丘。而在当初被废弃之前，印加人在马丘比丘居住了大约 80 年。

乌鲁班巴河

乌鲁班巴河是一条湍急的河流，它在马丘比丘所在的山峰脚下奔腾咆哮而过。乌鲁班巴河河畔的悬崖，高达 450 米（1476 英尺）。

废弃之城

马丘比丘建成于 1450 年前后，然而在不到一个世纪之后，随着西班牙侵略者入侵南美大陆，该座印加古城便被彻底废弃了。实际上，马丘比丘距离当时印加帝国的首都库斯科只有 80 千米（50 英里）的距离，然而极高的海拔（2430 米）使得该座城堡并未被西班牙人发现。也正是由于这样的原因，马丘比丘并未像其他印加古城那样遭到侵略者野蛮的掠夺。

华纳比丘（2693 米）

每天清晨，大祭司都会从华纳比丘山顶上发出一个信号，那也意味着全新一天的到来。

皇家庄园

帕查库蒂是印加王朝的一位帝王，在 1438 年至 1472 年间，他统治着印加人民。在 1450 年前后，为了庆祝帕查库蒂一次成功的军事行动，马丘比丘正式建成，当时该建筑群成为了帕查库蒂的住所。

瘟疫肆虐

实际上，在西班牙侵略者到达马丘比丘所在区域之前，这座古城极有可能遭受到了一次天花的肆虐，而那次瘟疫也使得古城内的大部分人丢掉了性命。

游客人数

1991 年，有 8 万名游客前往马丘比丘进行参观游览；然而到了 2018 年，其游客人数达到了 157803 人。为了尽可能地保护这一伟大的建筑群，秘鲁方面已经开始限制马丘比丘的每日游客人数。

梯田

在马丘比丘陡峭的山坡上，当地居民开垦出了 600 个人工梯田，他们在那里种植马铃薯和玉米。马丘比丘人的梯田建造理念非常先进，他们既能保证良好的排水，也能防止遭到侵蚀。至于梯田内的土壤，则是居民们从附近的山谷中运输而来的。

新世界奇迹

马丘比丘被评为了世界新七大奇迹之一。

高级的架构

建筑中所用到的石料，都是用极其精确的方法预先切割而成的。这样一来，即便是在不使用砂浆的情况下，马丘比丘人依然能够将那些石料完美地砌在一起。

军事秘密

马丘比丘城堡所在的位置非常高，这为它提供了良好的自然防御属性。此外，较高的位置也让该座城堡躲开了敌人的注意。

在比萨斜塔倾斜程度最大的时候，一个从塔顶掉落下来的球体，将会落在距离塔脚下 4.5 米（15 英尺）的位置上。

欧　洲

凯旋门

巴黎，法国
建造历时：30 年（1806 年—1836 年）

凯旋门是巴黎市内最著名的纪念碑之一，是该国军事力量的象征，同时它也是法国革命精神的象征——众所周知，法国革命精神对于其他国家产生了极为深远的影响。拿破仑在赢得奥斯特里茨战役的胜利之后，于 1806 年，命令属下建造凯旋门，以庆祝并纪念他所取得的这一重大军事成就。在随后长达一个多世纪的漫长岁月中，凯旋门都是整个世界同类建筑中最高的一个。

凯旋门矗立在法国首都巴黎的市中心，其周围绿树成荫，街道纵横。凯旋门的平台，则是领略法国首都巴黎美景的最佳地点之一。

纪念逝者

从某种程度上来说，凯旋门也是一座纪念碑，它是为了纪念所有那些参加过法国革命战争（1792 年—1802 年）、拿破仑战争（1803 年—1815 年）的士兵而建造的。

位置

凯旋门位于巴黎最著名的香榭丽舍大街西端，它是周边 12 条街道汇聚的中心点。

阿布吉尔战役主题浮雕

1799 年，拿破仑在阿布吉尔湾击败了奥斯曼帝国联军，凯旋门上的浮雕记录了那场战役。

设计

凯旋门是由法国建筑师让·查尔格林设计的，该设计的灵感，来自于公元 1 世纪罗马帝国为纪念第十位皇帝提图斯所兴建的凯旋门。

“胜利”浮雕

在拿破仑战争期间，法国战胜了奥地利，随后两国签署了《申布伦条约》（也称《维也纳条约》）。为了纪念拿破仑的这两大成就，设计师在凯旋门上设计了“胜利”浮雕。

失败的阴影

虽然凯旋门是法国胜利的象征，然而历史上日耳曼人的铁蹄曾经两次踏过这座巴黎地标性建筑：1871 年，普鲁士赢得普法战争的胜利；1940 年，德国军队又在第二次世界大战中成功地占领巴黎。

完美的观景平台

登上凯旋门，你就能够充分领略到法国首都巴黎的无限魅力。

曾经的世界最高凯旋门

在建成之后长达 102 年的时间里，巴黎凯旋门都是世界上同类建筑当中最高的一个，其高度为 50 米（164 英尺）。直到 1938 年，凯旋门才被墨西哥首都墨西哥城的革命纪念塔超过，后者的高度达到了 67 米（220 英尺）。

飞行

1919 年，查尔斯·戈德弗洛驾驶着他的纽波特 27 双翼飞机穿越了凯旋门，事前他邀请朋友拍下了自己那次历史性飞行的整个过程。

马赫索将军的葬礼

在法国革命战争中，年仅 27 岁的马赫索将军在一次战斗中壮烈牺牲。凯旋门上的这座浮雕，描绘了马赫索将军的葬礼。

光荣的名单

所有法国历史上主要的胜利者、将军的名字，都镌刻在凯旋门的内、外墙壁上。

“出征”浮雕

这座浮雕描绘了参加法国大革命的革命者，以及将“自由”具象化、拟人化成为一个女性形象的革命者，在空中鼓舞人们奋勇向前的情景。

无名烈士墓

凯旋门的下方是无名烈士墓，它是为了纪念所有那些在第一次世界大战中牺牲的无名士兵而建造的。

埃菲尔铁塔

巴黎，法国
建造历时：2 年（1887 年—1889 年）

埃菲尔铁塔是世界上最著名的建筑物之一，是法国首都巴黎“浪漫之城”的象征，同时也是为了纪念法国的革命精神。在建筑工程领域，埃菲尔铁塔堪称是一个奇迹，其高度达到了 300 米（984 英尺），它在建成之后便成为当时全世界最高的建筑物。

1889 年，即法国人民攻占巴士底狱、法国大革命开始的 100 周年之际，巴黎举办了世界博览会，而埃菲尔铁塔也正是为了该届世博会而建的。最初，法国方面本来准备在埃菲尔铁塔建成的 20 年之后将其拆除，然而巴黎市民以及来自于各个国家的游客都非常喜欢这座建筑，因此法国方面改变了最初的决定，埃菲尔铁塔也因其在无线电报发射方面的特殊用途而被保留了下来。

巴黎军事学校

这所著名的军事学校建于 1750 年，时至今日，它依然是一所仍然在招生的军事类院校。1784 年，时年 15 岁的拿破仑 · 波拿巴以巴黎军事学校学员的身份在这里注册入学。

战神广场

战神广场是埃菲尔铁塔南侧一片广阔的绿地，该广场是以罗马神话中的火星之神玛尔斯（Mars）命名的。值得一提的是，法国军方曾经征用战神广场作为行军场。

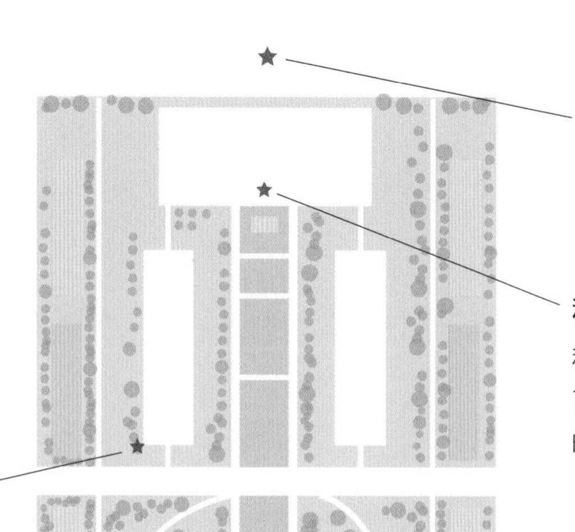

和平之墙

和平之墙建于 2000 年，其墙体上用 49 种语言写下了“和平”一词。每一名游客都可以在和平之墙的缝隙中塞入自己写下的祝愿和平的信息。

法国《人权和公民权宣言》纪念碑

世界博览会

战神广场总共举办了 5 届世界博览会，分别为 1867 年、1878 年、1889 年、1900 年以及 1937 年世博会。

公共花园

在被军方征用之前，战神广场所在的区域是一个公共花园，任何一个巴黎市民，都可以在那里种植自己想要种植的水果、蔬菜以及鲜花。

1889 年世界博览会

1889 年，为了庆祝法国大革命 100 周年，世界博览会在法国首都巴黎举办。作为该届世界博览会的标志性建筑，埃菲尔铁塔于 1889 年正式建成。

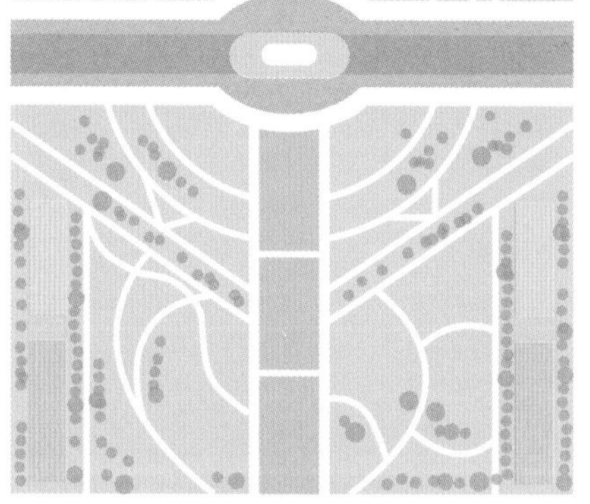

斩首

在 1791 年的战神广场大屠杀中，巴黎第一任市长让 · 西尔维恩 · 拜利曾经下令向人群开枪，他也因此在 1793 年被斩首。

早期气球飞行

1783 年，人类历史上的第一个氢气球，便是从埃菲尔铁塔现在所在的位置升空的。

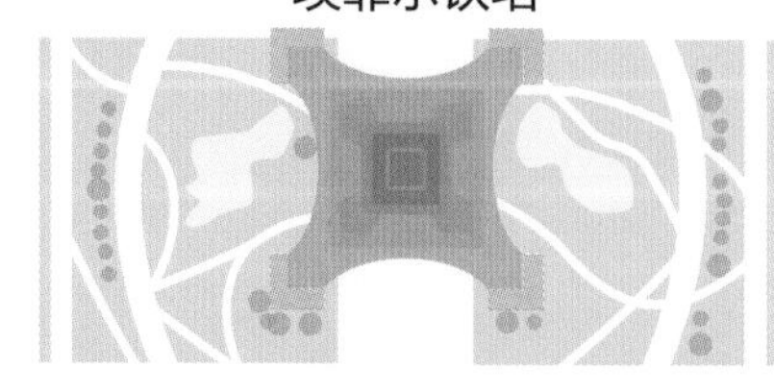

耶拿桥

1814 年，拿破仑下令建造耶拿桥，以纪念他在耶拿战役中所取得的胜利。值得一提的是，耶拿桥是巴黎市内 37 座横跨塞纳河的桥梁之一。

天鹅岛

塞纳河中曾经有一个名为“天鹅岛”的小岛。然而为了让埃菲尔铁塔看起来更加对称，法国方面决定将原本的河道填平。

塞纳河

古斯塔夫·埃菲尔

古斯塔夫·埃菲尔是他所处的那个时代中最为杰出的工程师之一，他曾经设计过包括铁路、桥梁、著名建筑在内的多种项目工程。除了埃菲尔铁塔之外，古斯塔夫·埃菲尔的设计作品，还包括葡萄牙波尔图的路易一世大桥、罗马尼亚的布达佩斯火车站，以及大名鼎鼎的美国纽约自由女神像。

时代的标志

古斯塔夫·埃菲尔本人曾经说过，埃菲尔铁塔所象征的，“绝不仅仅是现代工程师的艺术，实际上它更加代表了我们所生活的这个工业、科学的世纪”。

300 人委员会

令人难以置信的是，埃菲尔铁塔的设计方案，曾经遭到过很多人极为猛烈的批评。一个由 300 名艺术家、作家、建筑师所组成的委员会，曾经明确反对过埃菲尔铁塔的设计方案。之所以组成一个 300 人的委员会，是因为埃菲尔铁塔的设计高度为 300 米。

居伊·德·莫泊桑

居伊·德·莫泊桑非常讨厌埃菲尔铁塔，也正是由于这样的一个原因，这位著名作家经常到塔底的餐厅里吃午饭。之所以选择那里的餐厅，是因为坐在塔底，居伊·德·莫泊桑就看不到埃菲尔铁塔了。

曾经的世界最高建筑

1889 年埃菲尔铁塔正式落成时，它是整个世界上当之无愧的最高人造结构建筑物。直到 1930 年美国纽约的克莱斯勒大厦（318.9 米，1045 英尺）竣工之后，埃菲尔铁塔才让出了“世界最高建筑物”的宝座。

来自于美国的灵感

古斯塔夫·埃菲尔设计埃菲尔铁塔的灵感，来自于大西洋对岸的美国。1853 年，为了迎接万国工业博览会的到来，美国纽约建成了一座 96 米（315 英尺）高的木质结构塔。也正是那个名为“观览塔”的当时北美最高建筑，给古斯塔夫·埃菲尔带来了埃菲尔铁塔的设计灵感。

埃菲尔铁塔的经营权

在古斯塔夫·埃菲尔与巴黎方面签署的设计合同中，含有一条特别的条款：古斯塔夫·埃菲尔拥有埃菲尔铁塔 20 年的全部商业使用权。

第三层

276 米（906 英尺）

欧洲最高的公众观景平台。

惊人的建材使用量

埃菲尔铁塔由 18038 块、总重量高达 7300 吨的金属材料建造而成，250 万个铆钉将所有这些金属建材固定在了一起。300 名工人总共耗时两年，才建起了埃菲尔铁塔。

建筑草图

为了完成 18038 个不同部件的设计，古斯塔夫·埃菲尔绘制草图用掉了 5329 张图纸。

最多游客人数

埃菲尔铁塔是世界上参观人数最多的付费历史遗迹。2017 年，总共有 6207303 人前往埃菲尔铁塔参观游览。

324 米
（1063 英尺）
塔顶到地面

第二层

115 米（377 英尺）

餐厅（米其林星级餐厅）

第一层

57 米（187 英尺）

餐厅

玻璃地板

视听秀

600 级台阶

游客可以步行 600 级台阶，最高可以上到埃菲尔铁塔的第二层。

门票价格

1889 年，埃菲尔铁塔的门票价格为 5 法郎（约合现在的 0.8 欧元）。而现如今，登上埃菲尔铁塔塔顶的票价为 25 欧元。

坚实的基础

埃菲尔铁塔的每一条“腿”，都矗立在放置于四块混凝土板的巨大石灰岩上。距离塞纳河最近的两条“腿”下方的混凝土板，需要向地下打入长达 22 米（72 英尺）的超深地桩。

卢浮宫

巴黎，法国

建造历时：从 16 世纪到 2002 年，经过多个阶段的建设

卢浮宫是世界上规模最大、参观人数最多的艺术博物馆，也是历史上一些最著名艺术品的陈列之地，这其中便包括《米洛斯的维纳斯》以及《蒙娜丽莎》。

卢浮宫是巴黎乃至整个法国文化的象征。值得一提的是，卢浮宫的建造过程跨越了六个世纪，实际上该建筑群本身就能够给人留下极为深刻的印象。卢浮宫内所陈列的艺术珍品，覆盖了从史前文明到 21 世纪的整个人类历史。

世界最大

卢浮宫是世界上规模最大的艺术博物馆，其展区总面积达到了 72735 平方米。

要塞

最初，卢浮宫是被当作堡垒而建造的，1546 年该座建筑成为法国国王的宫殿。1682 年，路易十四将自己的王宫迁到了凡尔赛宫。直至今日，卢浮宫在中世纪作为堡垒的一部分地下工事，依然可见。

所在位置

卢浮宫与凯旋门之间的步行距离不到 4 公里，中间隔着里沃利街以及香榭丽舍大街。

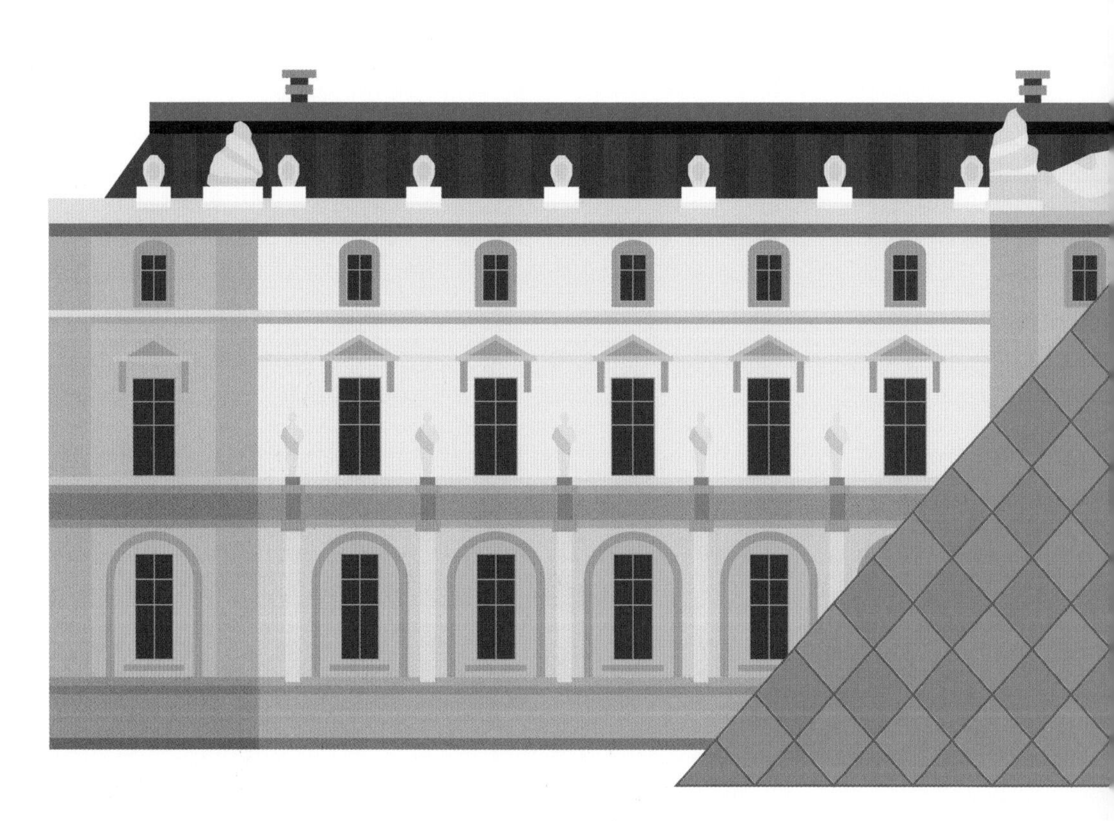

游客人数

2018 年，总共有 1020 万游客前往卢浮宫参观游览。

纳粹的“仓库”

在第二次世界大战期间，德国曾经占领过巴黎。在那段日子里，纳粹曾经将四处掠夺来的艺术品收藏在卢浮宫内。

玻璃金字塔

在卢浮宫的入口处，矗立着一座著名的“金字塔”，该座建筑是由玻璃、金属打造而成的。当初，法国方面为了扩大、改善卢浮宫博物馆的入口，邀请华裔建筑设计师贝聿铭设计了玻璃金字塔，该塔也成为卢浮宫最具辨识度的标志之一。

绘画藏品

卢浮宫内总共收藏了大约 7500 幅油画，其中包括《梅杜萨之筏》、《自由引导人民》和《蒙娜丽莎》这样的传世之作。在卢浮宫所收藏的所有画作当中，大约有三分之二的作品都是由法国画家创作的。

米洛斯的维纳斯

这座古希腊繁荣时期的大理石雕塑，或许是对女性之美描述得最为深刻的艺术品了。

《汉谟拉比法典》

《汉谟拉比法典》是一部古代巴比伦王国的法典，它的历史可以追溯到公元前 1754 年。《汉谟拉比法典》是世界上最古老的成文法律范例之一，更加难能可贵的是，它还是一部现存最古老且极具可读性的书面文本。

展览

现如今，卢浮宫总共收藏了大约 45 万件艺术品。在卢浮宫的 8 个展览馆中，总共展出了大约 3.5 万件艺术品。

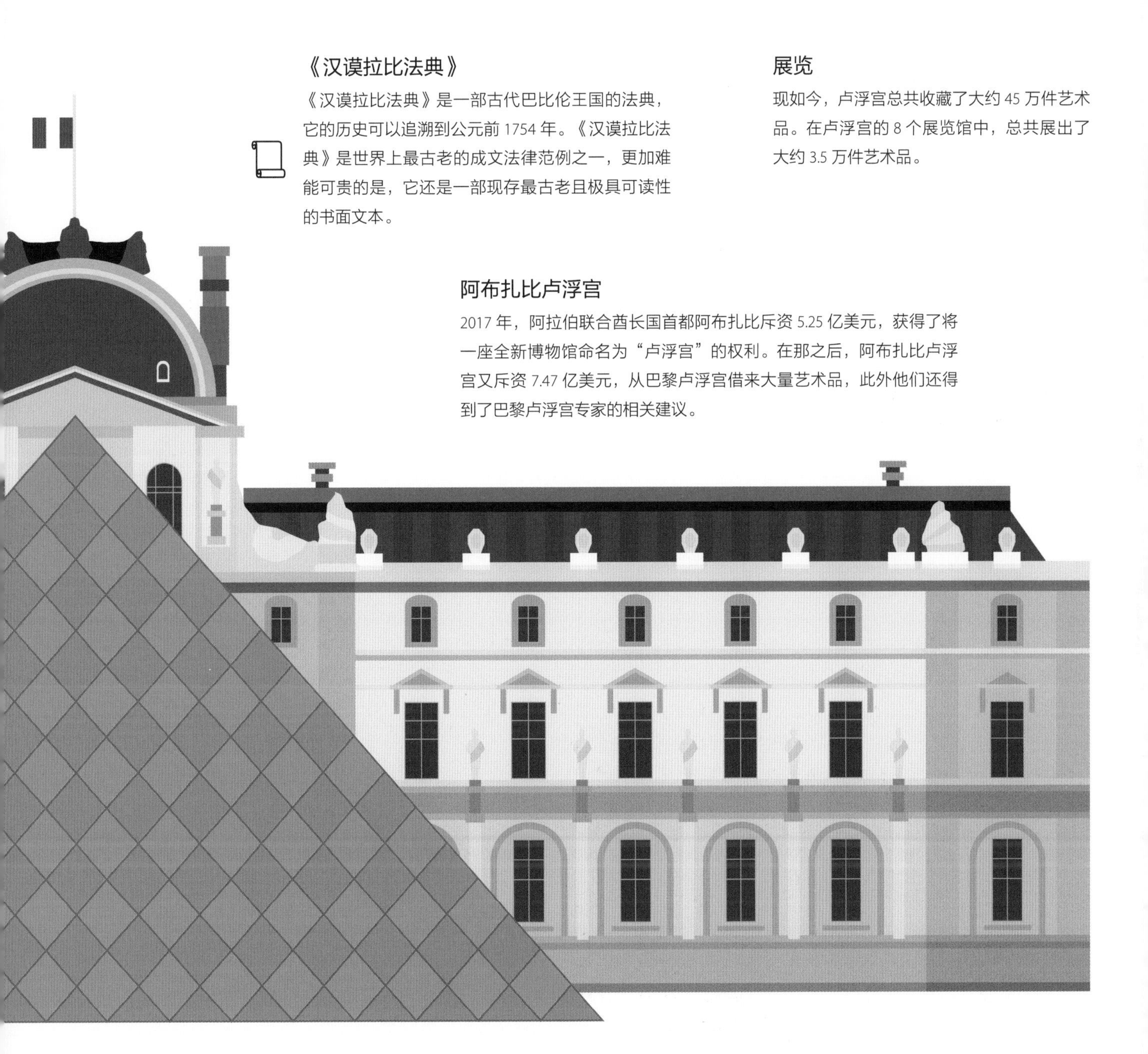

阿布扎比卢浮宫

2017 年，阿拉伯联合酋长国首都阿布扎比斥资 5.25 亿美元，获得了将一座全新博物馆命名为“卢浮宫”的权利。在那之后，阿布扎比卢浮宫又斥资 7.47 亿美元，从巴黎卢浮宫借来大量艺术品，此外他们还得到了巴黎卢浮宫专家的相关建议。

公共博物馆

在法国大革命期间，民众一致决定卢浮宫应该成为一个国家级的公共博物馆。1793 年，一个只有 537 幅绘画作品的小型展馆开始向公众开放，在那之后，卢浮宫的展厅面积逐渐扩大，几乎占据了整座建筑。

拿破仑博物馆

在拿破仑统治法国期间，他以自己的名字重新命名了卢浮宫，并且将自己从各地掠夺来的艺术品陈列其中。当时，卢浮宫的藏品已经增加到了 5000 件，其中的大部分都是拿破仑在攻城略地之后从其他国家、地区掠夺来的。拿破仑倒台之后，当初被他掠夺而来的艺术品，绝大多数都已经物归原主了。

柏林墙

东柏林，前民主德国
存在时间：1961 年—1989 年（柏林墙倒塌）

在长达 28 年的漫长岁月当中，柏林墙一直是冷战、分裂以及世界各国之间互不信任的最丑陋象征。柏林墙是一个几乎无法被穿透的混凝土屏障，其存在的唯一目的，就是为了切断西方国家控制的西柏林，与苏联控制的民主德国、东柏林之间的联系。

1989 年 11 月 9 日，在那些被苏联控制的国家发生了一系列的内乱之后，民主德国当局正式宣布，他们不再限制本国民众在东西德之间的旅行。在那之后不久，柏林那堵“耻辱之墙”——柏林墙终于被拆除。最终，联邦德国与民主德国于 1990 年实现了统一，而在一年之后的 1991 年，苏联正式解体。

分裂的德国

1945 年，在雅尔塔会议召开期间，美国、英国、法国以及苏联共同商定，将第二次世界大战之后的德国划分为四个占领区。在当时四国商定的区域划分方案中，柏林位于苏控区的中间地带，然而该座城市还是被一分为四，分别由美国、英国、法国以及苏联控制。

1949 年，分别由美国、英国、法国控制的德国西部地区正式统一，并且形成了联邦德国；而在那时，被苏联控制的民主德国，则是一个共产主义国家。

建造柏林墙的原因

从 1949 年至 1961 年，大约有 250 万民主德国民众逃亡到了联邦德国，到了后来，这种人口的单方面迁移甚至已经影响到了民主德国的经济形势。为了阻止这一趋势进一步发展下去，民主德国政府下令，在柏林城两国交界的区域建造一道屏障，这就是柏林墙。

长度

柏林墙在柏林城内绵延 45 千米（28 英里）；此外，在联邦德国与民主德国除柏林之外的其他区域的边界上，还有 120 千米（74 英里）。

柏林封锁

“柏林封锁”是冷战时期的第一次极为严重的危机。1948 年至 1949 年间，苏联对西柏林实施了严厉的封锁政策，在那段时间里，所有货物都只能通过航空运输。最多的时候，美国、英国、法国每天需要动用 1400 个航班，以便为西柏林居民提供必要的生活供给品。

西柏林

西柏林占整个柏林城总面积的 54%。1987 年，大约有 190 万人生活在西柏林。值得一提的是，西柏林是一个标准的“飞地”，因为该区域彻底被民主德国的控制区域所包围。

东柏林

东柏林拥有柏林城历史、文化中心的主要部分。1989 年，有 130 万人生活在东柏林地区。东柏林也是民主德国的首都。

弗雷德里希大街火车站

弗雷德里希大街火车站是外籍人士专用的过境地点。

查理检查站

查理检查站是东柏林和西柏林之间最著名的过境地点。当然，对于所有越境者的严格控制，只发生在东柏林一边。

不对等的控制

在绝大多数情况下，联邦德国民众，以及其他国家的公民，都可以毫无障碍地进入东柏林区域。然而，东柏林民众却无法自由自在地穿过柏林墙。

“幽灵车站”

即便是在冷战期间，依然有一些西柏林的地铁列车，能够不受约束地通过东柏林地区的一部分车站。那些车站便是所谓的“幽灵车站”。

严防死守

任何时候，都有大约 1.1 万名士兵共同守卫着柏林墙。

警犬

超过 400 只警犬参与守卫柏林墙的任务。通常情况下，那些警犬都在铁轨附近来回巡逻。

围栏材料

围栏材料为混凝土墙或者是铁丝网，上面都带有警报装置。

地堡

地堡的面积约为 1 平方米（11 平方英尺），其内部设有射击平台以及弹药库。

墙体

柏林墙的墙体高 3.6 米（11.8 英尺），由钢筋混凝土板制作而成，每块钢筋混凝土板重约 2.75 吨。

水泥管

墙体的顶部安装有一个圆形的水泥管，偷越境者很难爬得上去。

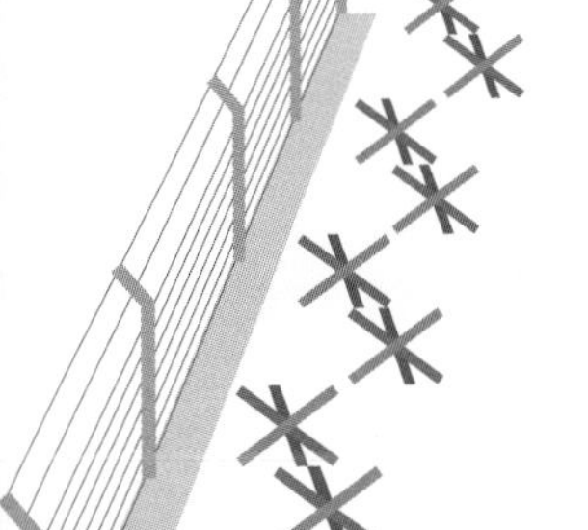

反坦克障碍——“刺猬”

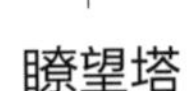

瞭望塔

在西柏林边境附近，总共设有 302 座瞭望塔。每一座瞭望塔上，都配有反光镜以及射击台。

巡逻道路

砂石带

一条条均匀分布的砂石带，可以让民主德国士兵很容易发现那些试图逃往西柏林的人。

反机动车壕沟

逃亡者

总共有大约 5000 名东柏林人成功地穿过柏林墙，逃亡到西柏林。有 255 人在尝试越过柏林墙的过程中被杀死。

旅游景点

当年，柏林墙西侧有专门供游客参观的瞭望塔。

雅典卫城

雅典，希腊
建造时间：公元前 5 世纪

在过去将近 2500 年的时间里，雅典卫城作为一个标志性建筑物，一直矗立在雅典城的高处。雅典卫城是雅典帝国在其权力、影响力的巅峰时期建造的，它具有极为深远的历史意义，在建筑领域也拥有非凡的价值。一言以蔽之，雅典卫城堪称西方文明的一个“大熔炉”。

雅典卫城内的建筑，代表了艺术、政治、科学以及信仰的最高理想状态，那里还拥有世界上第一座剧院以及最早的气象站。帕特农神庙以其优雅的圆柱、极具灵感的雕塑成为古希腊的象征，时至今日，它依然是世界上最伟大的文化古迹之一。

位置

雅典卫城坐落在海拔 150 米（490 英尺）的石山之上，其占地面积约为 3 公顷（2.5 英亩）。在史前时代，雅典卫城就曾经被用作避难所。

埃列赫特于斯神庙

埃列赫特于斯神庙建于公元前 421 年—公元前 406 年，该神庙是为祭祀雅典娜、波塞冬（海神）而修建的。

宙斯波利斯庇护所

宙斯波利斯庇护所是一个露天的圣地，那里供奉着古希腊神话中的诸神之王——宙斯。

卫城山门

卫城山门是通往雅典卫城的巨大柱式山门。值得一提的是，正是在雅典卫城山门的启迪之下，普鲁士人才在柏林建造出了勃兰登堡门。

雅典娜波利亚斯祭坛

雅典娜古神庙

雅典卫城城墙

雅典卫城的城墙前后经过了几个世纪的建造，它的存在增强了卫城的防御能力。雅典卫城的城墙高约 10 米（33 英尺）。

罗马与奥古斯都神庙

公元前 88 年，罗马人就已经征服了雅典。然而即便如此，罗马与奥古斯都神庙，依然是雅典卫城内唯一的一座罗马神庙。

酒神剧场

酒神剧场是世界上的第一家剧院，它位于陡峭的岩石山坡上。酒神剧场能够容纳 1.7 万人，它是献给古希腊戏剧、葡萄酒之神狄俄尼索斯的剧院。

损坏

1458 年，奥斯曼人占领了雅典，在那之后他们将帕特农神庙当作了火药仓库。1687 年，在威尼斯共和国与奥斯曼帝国之间的摩利亚战争期间，帕特农神庙曾经被炮弹击中。那次爆炸，严重地破坏了帕特农神庙，并且造成了 300 人丧生。

风塔

风塔由大理石建成，它位于雅典卫城的附近，该建筑已经有 2100 年的历史了。风塔是世界上最为古老的气象站，其内部有日晷、水钟以及风向标。

名字的来历

“雅典卫城”（acropolis）这个词语，来自于古希腊语“akron”，直译的意思是“最高点”；而“polis”的意思则是“城市”。

帕特农神庙

在古希腊，帕特农神庙是雅典娜女神的神庙。按照惯例，帕特农神庙也能发挥出城市财政部门的功能。

雅典娜

在古希腊神话中，雅典娜是智慧、手工艺以及战争的女神。“雅典”便是以雅典娜的名字来命名的城市，而女神雅典娜也正是该座城市的守护神。雅典娜的象征，包括猫头鹰、橄榄树以及蛇。

帕特农神庙的建造时间

帕特农神庙建于公元前 447 年至公元前 432 年，那也正是古代希腊的鼎盛时期。

变迁

公元 7 世纪，帕特农神庙变成了一座基督教教堂；而到了 15 世纪，那里又变成了一座清真寺。

建造成本

在当初建造帕特农神庙时，其工程造价相当于建造 469 艘军舰。

爱奥尼克柱式元素

帕特农神庙内拥有一些爱奥尼克风格的装饰物，其中包括一个浮雕带，以及四根在内部支撑神殿屋顶的柱子（爱奥尼克是希腊古典建筑的三种柱式风格之一）。

柱子

帕特农神庙周围总共有 46 根柱子，那些柱子属于多立克柱式。在古希腊三大建筑柱式当中，多立克柱式是最早、最简单的一种。

柱列

在帕特农神庙的两端，柱廊内有两行额外的六根柱子，它们位于通往内部入口的前面。

雅典娜 · 帕特农

帕特农神庙内，有一尊由象牙、黄金打造而成的巨大的雅典娜雕像，其高约 11.5 米（37 英尺 9 英寸），该座雕像被认为是古代最伟大的雕塑之一。公元前 296 年，该座雕像上的黄金被拆除并用来偿还战争债务，在那之后整座雕像也丢失了。一些文献记载，从 10 世纪开始该座雕像就被保存于君士坦丁堡。

英国展览

到了 19 世纪，帕特农神庙实际上已经处于近乎毁灭的状态。当时，帕特农神庙内的许多雕塑都被埃尔金勋爵搬走，随后又被他出售给了英国政府。现如今，那些雕塑都在英国首都伦敦的大英博物馆内展出。目前，希腊政府正在为向英国方面追讨那些雕塑而努力。

罗马斗兽场

罗马，意大利
建造历时：10 年（公元 70 年—公元 80 年）

罗马斗兽场是罗马城的标志性建筑，它是在 2000 年前修建完成的。罗马斗兽场是世界上最大的圆形露天竞技场，它的规模非常庞大，这一特质令其在举办角斗士比赛时，能够为所有人营造出一个恰如其分的狂热现场氛围。罗马斗兽场已经成为全世界最受欢迎的旅游景点，2018 年，有 740 万名游客前往罗马斗兽场进行参观游览。

名字的由来

“罗马斗兽场”这个名字，很有可能是来自于附近一座名为“尼禄巨像(Colossus of Nero)”的 30 米高的青铜人像。实际上，罗马斗兽场最初的名字是“弗拉维安圆形露天竞技场”，之所以会叫这个名字，是因为该建筑是由罗马帝国弗拉维安王朝的三位皇帝建造的。

顶棚

当年，罗马斗兽场的顶棚是由帆布制成的。建造者从最上层的边缘处拉起帆布，以避免观众被阳光暴晒、风吹雨淋。

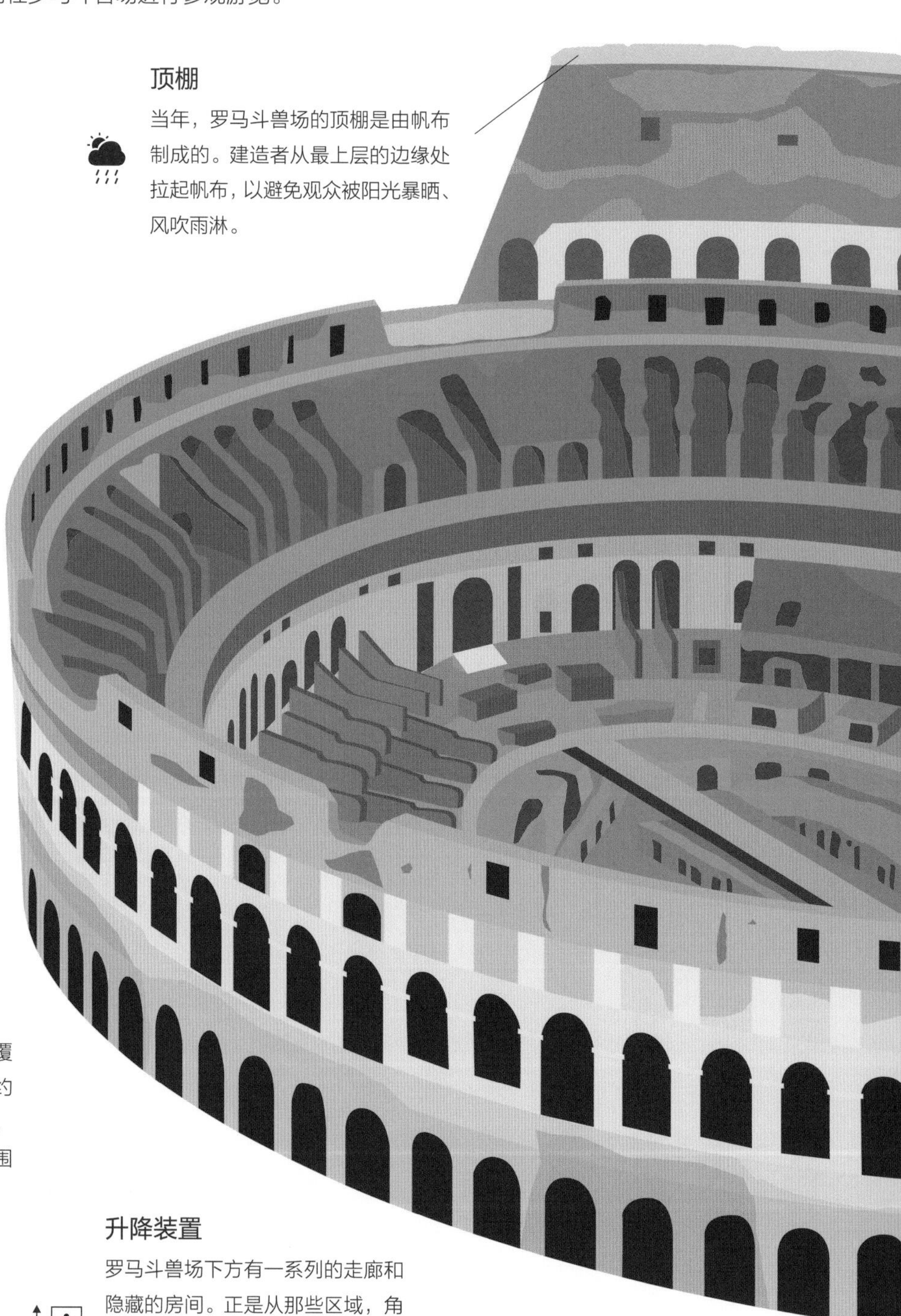

新世界奇迹

罗马斗兽场被列入了世界新七大奇迹之一。

史上最大

罗马斗兽场可以容纳 5 万至 8 万人到现场观战，该建筑是有史以来规模最大的圆形竞技场。

竞技场

罗马斗兽场的地板是木质结构的，上面覆盖有沙子。罗马斗兽场竞技区域的大小约为 79 米 ×45 米（259 英尺 ×148 英尺），其四周被一个 4.5 米（15 英尺）高的围墙围住，以避免野兽冲出来伤及现场观众。

升降装置

罗马斗兽场下方有一系列的走廊和隐藏的房间。正是从那些区域，角斗士或者野兽在毫不知情的情况下会被升降装置带入到罗马斗兽场的中央战斗区域。

无利可图

$

公元 435 年，罗马方面停止了斗兽场内的各种角斗形式，这或许是因为，角斗士的训练费用，以及场地的维护成本过于高昂，以至于组织者无利可图。

等级制度

罗马斗兽场总共分为五层，每一层都专属于某一个特定阶层的社会群体。距离竞技场最近的座位，属于皇帝和元老院议员；至于距离最远的座位，则是属于妇女和奴隶的。

用途

罗马斗兽场的主要用途，是角斗士与角斗士、角斗士与野兽进行搏斗。根据统计，有超过 50 万人以及数百万只野兽在罗马斗兽场内丢掉了自己的性命。

模拟海战

在极为特殊的情况下，罗马斗兽场会被注满水，这样一来，军方就可以在那里模拟海战的情形。当时，海军的战术推演过程，都是用微缩的战船模型来模拟进行的。

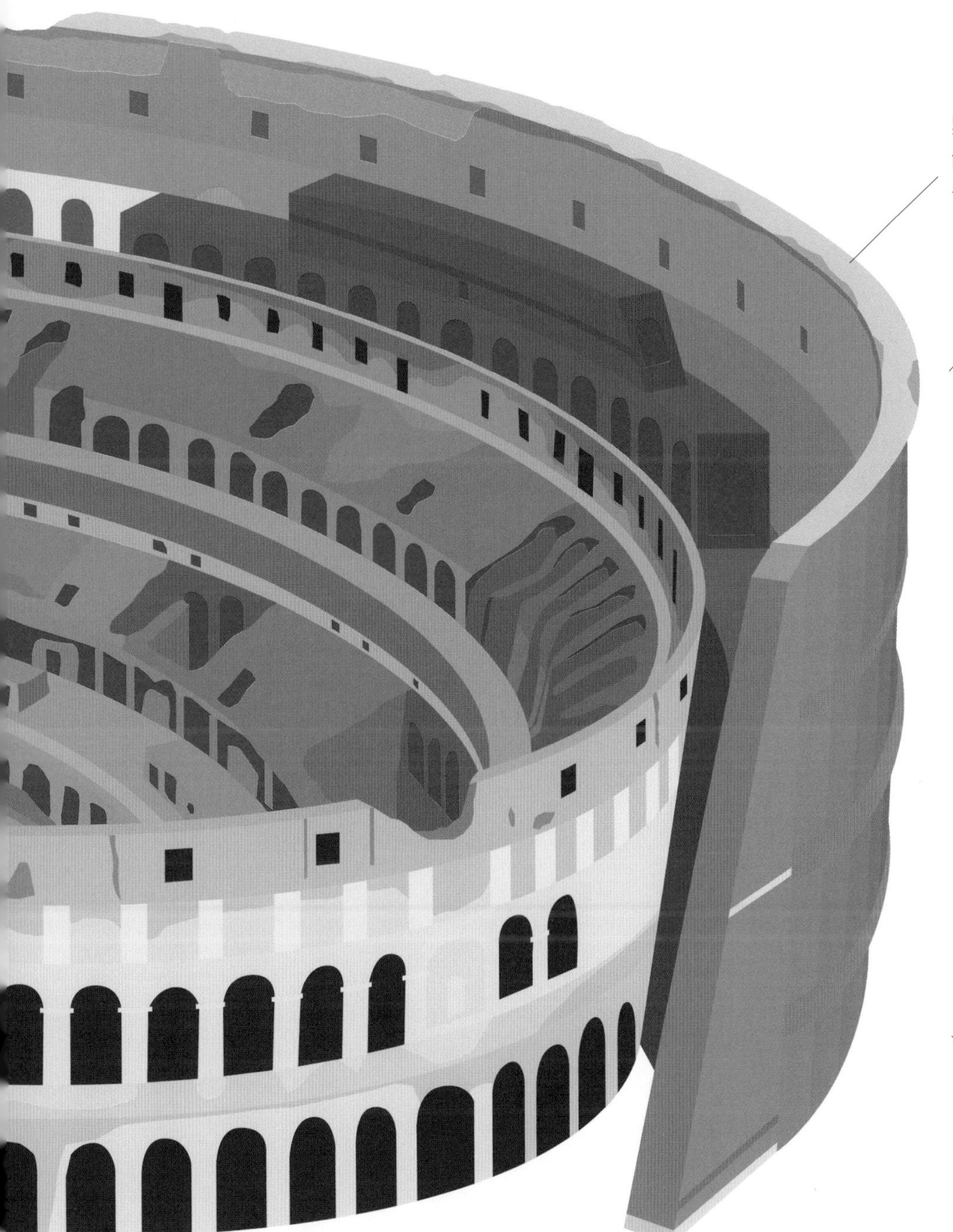

毁坏

现如今，罗马斗兽场可见的毁坏，主要是由公元 847 年、1231 年罗马城所经历的两次地震造成的。

硬币的主角

在意大利版欧元的 5 分硬币上，便印有罗马斗兽场的图案。此外，该座建筑也曾经被印制在古罗马的塞斯特斯硬币上。

比萨斜塔

比萨，意大利
建造历时：199 年（1173 年—1372 年）

当初，比萨斜塔是被作为比萨大教堂的钟楼而建造的，该座建筑因其明显的“缺陷”而闻名于世。今时今日，比萨斜塔是世界上被拍照次数最多的建筑物之一；而对于每年造访比萨的 1000 万各国游客来说，比萨斜塔也是他们必去的“打卡地”。

12 世纪，比萨城开始建造比萨斜塔，在那之后不久，该座建筑便开始朝着一侧倾斜。在过去几个世纪的时间里，比萨方面曾经多次试图让比萨斜塔停止倾斜，然而该建筑的倾斜角度依然在增加。到了 1990 年，比萨斜塔的倾斜角度已经达到了 5.5 度。2001 年，意大利终于结束了比萨斜塔为期 8 年的大规模修复工程，其倾斜角度也因此而降低到了 3.97 度。目前，比萨斜塔的倾斜趋势已经稳定了下来。

世界遗产
1987 年，联合国教科文组织将比萨斜塔所在的“奇迹广场”列入了世界遗产名录。

比萨城墙
比萨城墙于 1161 年正式完工，该城墙是意大利完整保存的最古老的城墙。

坎波桑托墓地
坎波桑托墓地（Campo Santo）直译名为“圣地”。相传，坎波桑托墓地是在哥耳哥达圣地的附近建造的，那里也正是耶稣受难地。12 世纪十字军东征之后，坎波桑托墓地被带到了意大利的比萨。

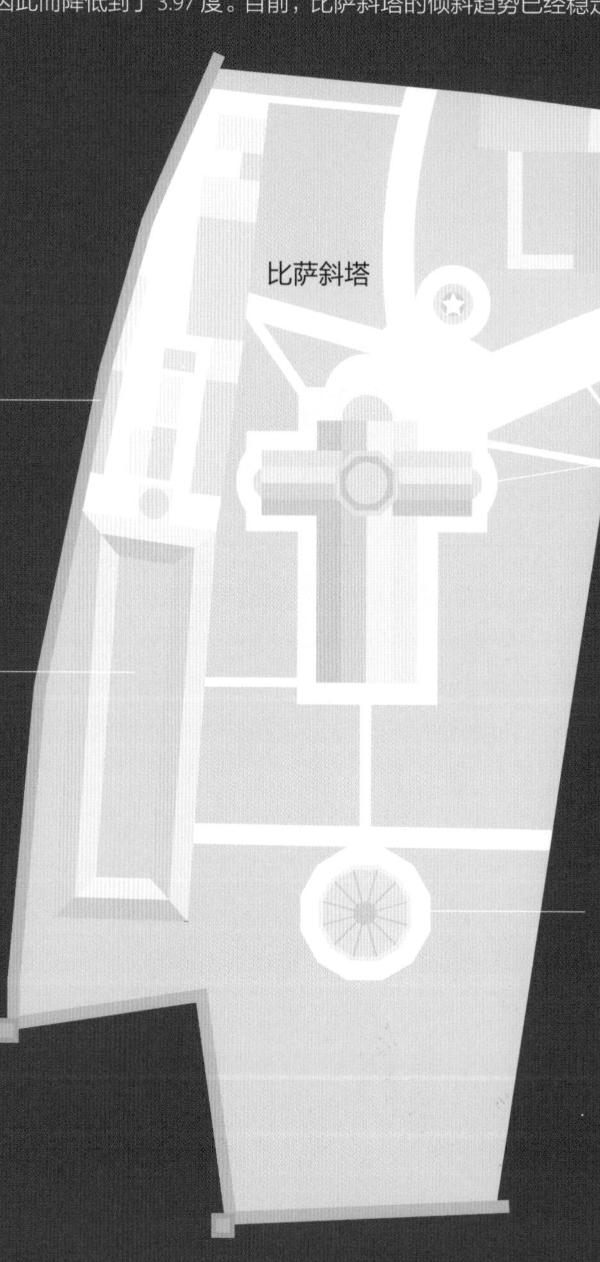

大教堂歌剧博物馆
该座建筑目前是一座博物馆，馆内收藏有精美的艺术品、教堂的财宝以及用于祭祀的文物。最初，大教堂歌剧博物馆的职能，是大教堂咏礼司铎（天主教神职之一）的住所。

比萨大教堂
比萨大教堂始建于 1063 年，值得一提的是，威尼斯的圣马可大教堂也是在那一年修建的。当年，比萨和威尼斯是两个敌对的海上共和国，通过建造最豪华、最壮观的大教堂，他们都希望能够以这样一种方式向全世界展示自己的国力。

教皇格里高利八世

1187 年 12 月 17 日，教皇格里高利八世死于发烧，在那之前，他仅仅当了 57 天的教皇。在他去世之后，教皇格里高利八世被埋在了比萨大教堂，然而到了 1600 年，他的坟墓在一场大火中被付之一炬。

圣约翰洗礼堂
圣约翰洗礼堂是一座大理石建筑，它是意大利最大的洗礼堂，并且堪称是一个建筑奇迹。圣约翰洗礼堂与比萨斜塔距离很近，两座建筑都建在相对较软的地基上。几个世纪以来，圣约翰洗礼堂也已经出现了 0.6 度的倾斜。

主教座堂广场
主教座堂广场绿草如茵，这片宁静的空间内拥有世界上最好的建筑群之一。主教座堂广场也称“奇迹广场”，这个名字是由意大利作家、诗人加布里埃尔·邓南遮想出来的。

盟军放弃轰炸
在第二次世界大战中，盟军发现德国士兵利用比萨斜塔作为观察用的岗哨。考虑到比萨斜塔的历史意义和价值，盟军决定放弃轰炸该座建筑。

伽利略与比萨斜塔的故事
伽利略·伽利雷出生于比萨，并在家乡完成了学业。1589 年至 1592 年间，伽利略在比萨斜塔上做了一次著名的物理学实验：当时，这名意大利天文学家从比萨斜塔的塔顶扔下了两个不同质量的铁球，结果两个铁球同时落地。伽利略的这一自由落体实验证明，物体的下落速度，与它们自身的质量无关。

“比萨”的由来
这座城市名字的确切来源，现在已经不得而知。但是有一些资料表明，“Pisa”一词来自于希腊语，意思是“沼泽地”。

比萨的“斜塔们”

除了世人皆知的比萨斜塔之外，在比萨地区，至少还有两座塔已经出现了明显的倾斜。而在整个意大利范围内，则有 10 座以上的斜塔。

钟亭

比萨斜塔的顶层是 1372 年加盖的一个钟亭，钟亭内总共有七口钟，每口钟对应一个大音阶的音符。值得一提的是，七口钟并未以环抱的方式排布，因为环抱的排布方式会因钟声共鸣而影响到整座建筑的安全性。

惊人的倾斜程度

在比萨斜塔倾斜程度最大的时候，一个从塔顶掉落下来的球体，将会落在距离塔脚下 4.5 米（15 英尺）的位置上。

拯救比萨斜塔

在过去几个世纪里，比萨斜塔的倾斜角度不断在增加，在倾斜程度最大的时候，整个斜塔看起来已经灾难性地摇摇欲坠了。1989 年，位于意大利伦巴第大区帕维亚市的“市民之塔（Civic Tower）”在几秒钟内轰然倒塌并变成一地瓦砾，这一事件促使比萨方面下定决心制订挽救比萨斜塔的计划，以减少其倾斜程度，避免该座建筑因为过于倾斜而倒塌。

挺身而出

英国伦敦帝国理工学院的约翰 · 伯兰德是一位土壤力学领域的权威专家，他承担起了减少比萨斜塔倾斜程度、以避免该座建筑倒塌的艰巨任务。

比萨斜塔向南倾斜，而工程师们则用一个单独的钻机，不断地从比萨斜塔的北侧——即远离倾斜一侧的地下挖土。这样一来，北侧的土壤逐渐下沉，比萨斜塔也因此而减少了倾斜程度。

现如今，比萨斜塔的倾斜程度，与 1838 年的倾斜程度大体相仿。这样看来，在未来 200 至 300 年的时间里，比萨斜塔应该能够保持稳定。

未知的建造者

尽管比萨斜塔是全世界最著名的建筑物之一，同时其拥有非常独特的迷人魅力，然而令人遗憾的是，没有人知道这座建筑最初的设计师是谁。

“弯曲”的建筑

比萨斜塔的地基只打了 3 米（10 英尺）深，在比萨当地较软的土质条件下，这种深度的地基显然是不够的。1178 年，比萨斜塔的二楼正式建成，当时该座建筑就已经开始发生倾斜了。在那之后，建筑工人们将二层以上的更高楼层都建成了一边高一边低，他们试图用这样的一种方式来让比萨斜塔“回正”。

重量

比萨斜塔总重量约为 1.45 万吨。

高度

比萨斜塔“偏高”的一侧 56.67 米（186 英尺），有 296 级台阶；而另外一侧的高度则为 55.86 米（183 英尺），有 294 级台阶。

抗震等级

比萨当地的土质松软，这是比萨斜塔发生倾斜的最重要原因。然而也正是因为较为松软的土质，使得比萨斜塔在历经了四次大地震之后依然屹立不倒。

倒霉的墨索里尼

墨索里尼是意大利历史上的一位独裁者，当年他坚定地认为，比萨斜塔倾斜的样子损害了意大利举国的荣誉和形象。为了让比萨斜塔回正，墨索里尼要求工程技术人员在该座建筑下方的地基上钻了 361 个空洞，随后向地下注入砂浆。然而令人遗憾的是，墨索里尼的这一决定，不仅没有让比萨斜塔回正，反而增加了该座建筑的倾斜程度。

阿姆斯特丹老城

阿姆斯特丹，荷兰
建造时间：13 世纪

13 世纪，阿姆斯特丹仅仅是一个泥泞河口处的小渔村；而到了 17 世纪，那里已经成为整个西方最为富足的城市。现如今，阿姆斯特丹是全球最著名的旅游目的地之一，每年都有超过 500 万名游客前往该座荷兰城市参观游览。阿姆斯特丹老城的城市结构极为独特，简而言之，那是一个由流速缓慢的人工运河，以及优雅街道组成的弧形城市。2010 年，联合国教科文组织将阿姆斯特丹老城列入了世界遗产名录，该座人口稠密的古城，以其浪漫的景致、独特的建筑以及生动的社会景象而闻名。值得一提的是，阿姆斯特丹还是世界上最具多元文化的城市之一，该座城市的居民，至少来自于全世界的 177 个国家。

运河边的时尚

阿姆斯特丹老城内的这三条运河风光如画，它们颇受世界各国游人的青睐和喜爱。在 17 世纪，达官显贵、富商巨贾们都在绅士（海伦赫拉特）运河边修建自己的房屋。

运河

阿姆斯特丹总共拥有 165 条运河，所有运河的总长度约为 50 千米（31 英里），城内的运河上有 1281 座桥梁。17 世纪是荷兰的黄金时代，当时阿姆斯特丹老城的设计者们高瞻远瞩，城内的绝大多数运河，都是在经过深思熟虑之后才有计划地挖掘的。

突斯琴斯基剧院

突斯琴斯基剧院是一家令人叹为观止的电影院，它于 1921 年正式开门迎客，被誉为世界上最美的电影院之一。

阿姆斯特丹国立博物馆

阿姆斯特丹国立博物馆拥有 100 多万件艺术品以及历史文物，这些珍贵的馆藏文物，展示出了荷兰从中世纪以来所取得的伟大文化成就。

荷兰梵高艺术博物馆

在全世界所有收藏梵高绘画作品的艺术馆中，荷兰梵高艺术博物馆是收藏量最大的一个。2017 年，总共有 230 万名游客前往荷兰梵高艺术博物馆参观游览，那里也是荷兰国内游客最多的博物馆。

阿姆斯特丹证券交易所

阿姆斯特丹证券交易所是世界上最为古老的证券交易所。1602 年，荷兰东印度公司在阿姆斯特丹建立了该证券交易所。

航运大楼

阿姆斯特丹航运大楼是阿姆斯特丹学派最早的建筑范例。1595 年，探险家科内里斯·霍特曼第一次前往东印度群岛，航运大楼便是在他出发的起点上建造的。

船屋

目前，阿姆斯特丹总共约有 2500 个船屋。在第二次世界大战期间，阿姆斯特丹的很多房屋都被炸毁。在那之后，船屋变得越来越受当地民众欢迎了。

阿姆斯特丹动物园

阿姆斯特丹动物园是世界上最为古老的动物园之一，它建于 1838 年。阿姆斯特丹动物园内有一个水族馆以及一个天文馆。

德古依尔风车

玛格丽桥

阿姆斯特丹植物园

1638 年，阿姆斯特丹市政府主持建立了阿姆斯特丹植物园，它也是世界上最为古老的植物园之一。当年，阿姆斯特丹市政府建设植物园的目的，是为医生和药剂师提供足够多的药用植物。

阿姆斯特尔木闸

阿姆斯特尔木闸是 1674 年建造的船闸系统，该木闸允许利用淡水而不是潮汐海水来冲刷运河。阿姆斯特尔木闸这一创新，使得阿姆斯特丹的城市生活变得更加舒适。时至今日，阿姆斯特尔木闸依然在使用。

阿姆斯特尔水坝

阿姆斯特尔水坝

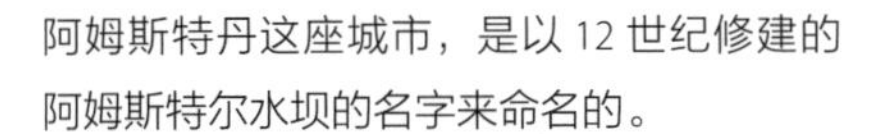

阿姆斯特丹这座城市，是以 12 世纪修建的阿姆斯特尔水坝的名字来命名的。

清洁的水质

根据阿姆斯特丹市政府的规划，该座城市内所有运河的水质清洁程度，都满足人们在其中游泳的要求。

变形的房子

阿姆斯特丹老城内的绝大多数房屋，都是在沼泽地上打桩建造而成的，这一事实就导致随着时间的延续，房屋的结构会发生变形。在过去几个世纪的时间里，阿姆斯特丹的很多房子都发生了变形。

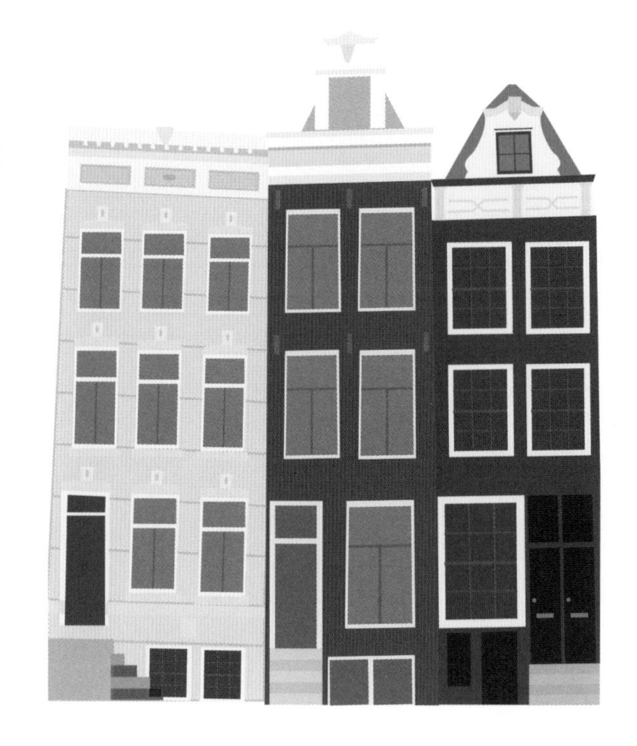

辛格运河街 7 号

辛格运河街 7 号是世界上最窄的房屋——其两个外墙之间的距离只有 1 米（3 英尺）。

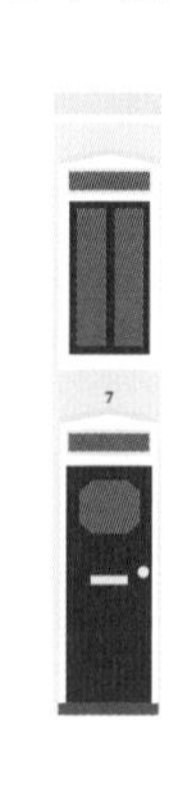

建筑结构桩

现如今，钢筋混凝土的建筑结构桩往往会被打到地下 18 米（60 英尺）的深度，这个深度要比之前木桩打的深度深得多。

木房子

木房子是阿姆斯特丹最为古老的建筑，它建于约 1420 年。

罕见的建筑

木房子的荷兰语名字是“HOUTEN HUYS”，直译为“木质房屋”。现如今，木房子是整个阿姆斯特丹市内仅有的两座木质结构房屋之一。

火灾的风险

1521 年，阿姆斯特丹发生了几次灾难性的火灾，在那之后，当局开始禁止建造木质结构的房屋。

安妮之家博物馆

安妮之家博物馆是安妮·弗兰克的博物馆，她是一个年轻的犹太女孩儿。二战期间，安妮·弗兰克与其他四个人一起躲在这里。1947 年，安妮·弗兰克那本著名的日记——《安妮日记》正式出版，随后该书先后被翻译成 70 种语言，这也创造了荷兰的纪录。

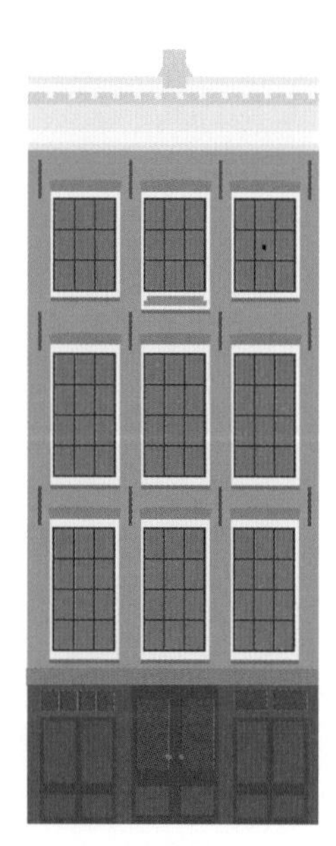

秘密附件

在 13 岁那一年，安妮与她的家人一起躲在一栋建筑物后面 46 平方米（151 平方英尺）的狭小空间内。1944 年，安妮一家被德军发现，随后他们被送往了奥斯维辛集中营。最终，在他们一家所在的那个小组中，只有安妮和她的父亲奥托活了下来。

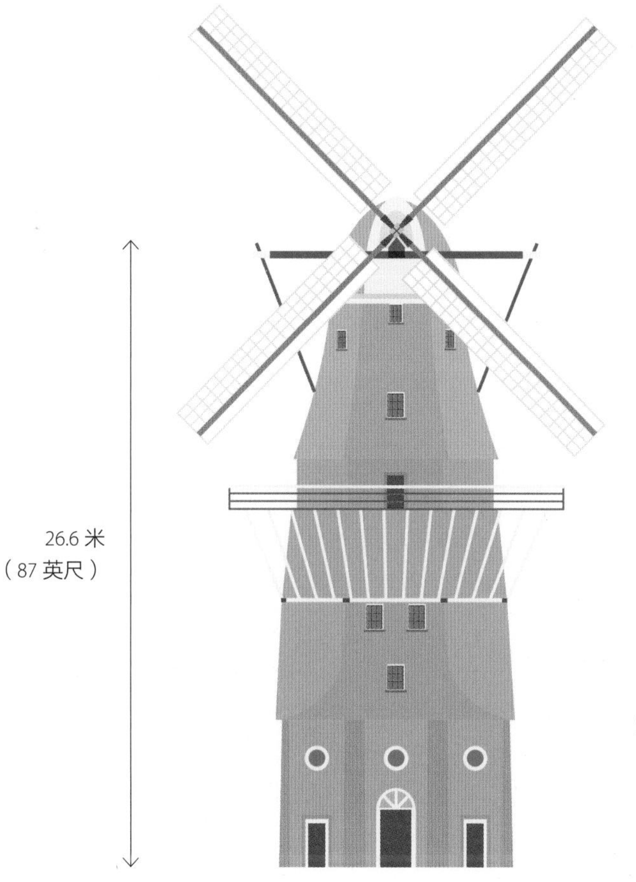

德古伊尔风车

德古伊尔风车，是荷兰境内最高的木质结构风车。

木秀于林

德古伊尔风车始建于 18 世纪，从 1814 年至今它一直保持着现状。德古伊尔风车的高度很高，同时它又位于阿姆斯特丹的城市边缘，这两个因素导致该木质结构风车很容易遭到强风的侵袭。

开合桥（活动吊桥）

文座桥梁中央的可开合部分每天都会开放几欠，以便配合大型船只的通过。然而实际上，可姆斯特丹市内观光船的高度都非常低，因比即便是在开合桥关闭的时候，那些观光船衣然能够自由通过。

玛格丽桥

玛格丽桥最早建于 1691 年，它是一座狭窄的十三跨桥，该桥也正是世人皆知的“阿姆斯特尔河瘦桥”。1871 年，它被一座更大的九跨桥所取代；到了 1934 年，阿姆斯特丹重新修建了一座开合桥，并且被一直使用到今天。

两姐妹建桥

相传，玛格丽桥最初是由一对姐妹建造而成的。当时，这对姐妹分别住在运河的两边，她们每天都渴望去看望对方，因此才会修建这座桥。当然，这对姐妹的资金非常有限，因此她们只能修建一座非常狭窄的桥梁。

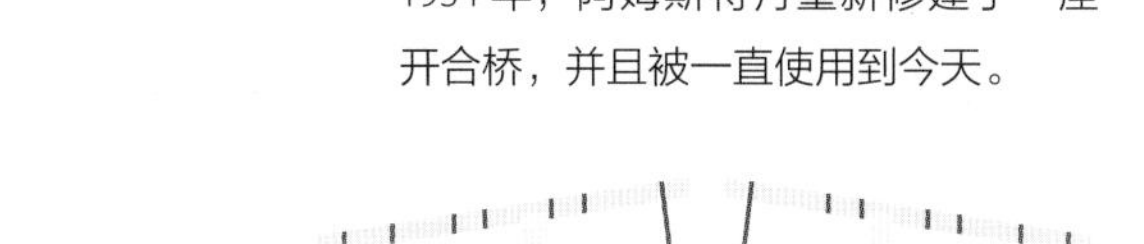

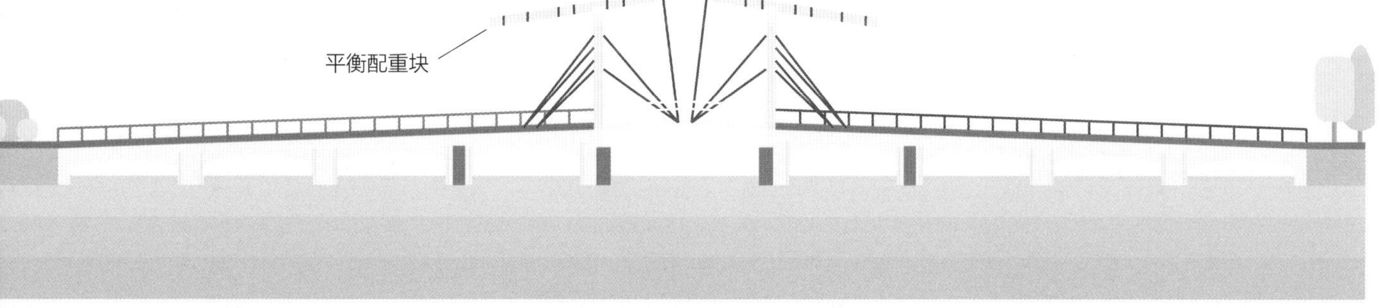

自行车的“坟墓”

每年，都有超过 1 万辆自行车被扔进阿姆斯特丹的运河当中。

滑冰

每到冬季，阿姆斯特丹市内的运河经常会结冰，市民们非常喜欢在上面滑冰。

深度

阿姆斯特丹市内运河的平均深度约为 3 米（10 英尺）。在当地流传着这样的一个笑话：阿姆斯特丹市内 3 米深的运河，是由 1 米深的水、1 米深的淤泥以及 1 米深的自行车残骸所共同组成的。

斯瓦尔巴全球种子库

斯瓦尔巴，挪威
建造历时：2 年（2006 年—2008 年）

斯瓦尔巴全球种子库绰号“世界末日种子库”，它是为了保证在最严重的全球灾难中人类依然能够生存下去而设计建造的。斯瓦尔巴全球种子库的任务，是保存各种各样植物的种子，这些种子代表着自第一次农业革命以来超过 1 万年的农业历史——即人类从狩猎、采集的生活方式，转变为农耕生活方式以来的历史。

非军事区域

根据 1920 年各方签署的《斯瓦尔巴条约》，斯瓦尔巴群岛内禁止修建任何军事基础设施。

“银行的银行”

斯瓦尔巴全球种子库是全球 1750 家种子银行的“储备银行”。

禁止钻探

挪威政府禁止任何机构、个人在斯瓦尔巴群岛所在的区域进行海上石油钻探业务，以保护该地区的生态环境。

永久冻土

斯瓦尔巴群岛上永久冻土所带来的持续低温，在一定程度上保证了种子库储存的可靠性。即使在停电的情况下，斯瓦尔巴全球种子库内保存的植物种子，也是非常安全的。

动物种类

生活在斯瓦尔巴群岛的野生动物，包括北极狐、驯鹿、各种小型啮齿类动物和北极熊。

构造运动不频繁

之所以斯瓦尔巴群岛能够成为建造全球种子库的完美位置，最重要的原因是该区域的地壳构造稳定，因此那里的建筑物都非常安全。

北极气候

斯瓦尔巴全球种子库位于北极圈内，那里夏短冬长。在漫长、寒冷的冬季，斯瓦尔巴群岛的平均温度为零下 16 摄氏度（3.2 华氏度）；而在短暂的夏季，平均温度为 4 摄氏度（39.2 华氏度）。

斯瓦尔巴群岛

斯瓦尔巴群岛偏远、寒冷且人口稀少，最终该群岛被选择为建造全球种子库的最佳位置。

自然保护

斯瓦尔巴岛上有 6 个国家级公园。

斯瓦尔巴全球种子库

没有任何基础设施

斯瓦尔巴群岛没有公路，因此要想抵达种子库，人们只能选择雪地摩托车、小型船只或者是飞机这样的交通工具。

前世今生

在斯瓦尔巴全球种子库正式建成之前，北欧基因库曾经在斯瓦尔巴群岛附近的一个废弃煤矿里储存植物的种子。

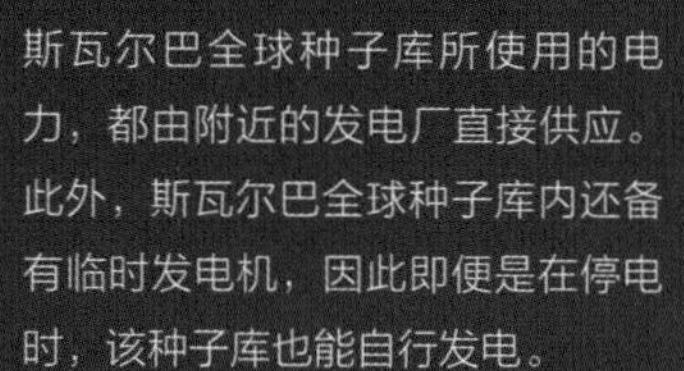

电力供应

斯瓦尔巴全球种子库所使用的电力，都由附近的发电厂直接供应。此外，斯瓦尔巴全球种子库内还备有临时发电机，因此即便是在停电时，该种子库也能自行发电。

距离挪威大陆 850 千米（528 英里）。

无转基因植物的种子

根据挪威现行的法律，斯瓦尔巴全球种子库内禁止保存转基因植物的种子。

建造成本

建造斯瓦尔巴全球种子库的资金，全部来自于挪威政府。2008 年，挪威政府为此支付了 880 万美元。

不同寻常的商务旅行

2010 年，7 名美国国会议员亲自将各种品种的辣椒种子送到了斯瓦尔巴全球种子库。

永久的影响

这件由挪威艺术家戴维克·萨内创作的照明艺术品，极大地突出了斯瓦尔巴全球种子库的入口，这样一来，哪怕在距离较远的位置上，你也能一眼就看到该建筑物的入口。根据挪威政府的规定，凡是由该国政府出资兴建的建设项目，如果成本超过了一定的水平，该建筑就必须使用艺术品进行装饰。

运营成本

斯瓦尔巴全球种子库的所有运营费用，都由“全球作物多样性信托基金”来承担，该基金由多个组织共同资助，其中包括了比尔及梅琳达·盖茨基金会。因此，任何有意愿在斯瓦尔巴全球种子库中存储种子的用户，都可以得到该机构的免费服务。

入口

海拔高度

斯瓦尔巴全球种子库建在海拔 130 米（426 英尺）的地方，因此即便是冰盖融化，该建筑也能很好地避免因海平面升高而带来的潜在威胁。

奠基

2006 年，丹麦、芬兰、冰岛、挪威、瑞典等国家的首相，都参加了斯瓦尔巴全球种子库的奠基仪式。

“护城河”

斯瓦尔巴全球种子库的入口处设置在一条沟渠的上方，这样一来，即便是在气温上升、积雪融化的情况下，该条沟渠也能发挥出阻止水流进入种子库的重要作用。

种子

种子的数目

截止到 2018 年 2 月，斯瓦尔巴全球种子库内总共储存了 967216 个种子样本。

种子门类

斯瓦尔巴全球种子库内保存着 5000 多种植物的种子。其中，种子数目最多的门类如下：

——15 万份大米种子样本；

——15 万份小麦种子样本；

——8 万份大麦种子样本。

包装

在斯瓦尔巴全球种子库里，每一颗种子都用一种特殊的三层结构薄膜材料进行包装，并且采用热封的方式，其目的是为了隔绝水蒸气。在那之后，包装好的种子将会被放置到一个塑料容器内。

平面布置图

工作人员

斯瓦尔巴全球种子库内并没有固定的常驻工作人员；雇员们轮流前往那里进行设施修缮维护、种子保护等各项工作。

建筑面积

约 1000 平方米（10763 平方英尺）

储藏室

斯瓦尔巴全球种子库的每个储藏室内，都能够容纳、保存 150 万个种子样本。目前，种子库只有一个储藏室在运行；另外两个则是空的，未来随时都能够投入使用。

制冷

在斯瓦尔巴全球种子库，室内温度长期保持在零下 18 摄氏度（零下 0.4 华氏度），该温度是保存种子最为理想的温度。一旦制冷系统出现故障，那么种子库内的温度将在几周的时间里上升到零下 3 摄氏度（26.6 华氏度）；两个世纪以后，将上升至 0 摄氏度（32 华氏度）。

低氧环境

斯瓦尔巴全球种子库内的氧气含量很低，这样的低氧环境，能够有效地减缓导致种子老化的代谢过程。

一号储藏室

二号储藏室

三号储藏室

办公室

入口

150 米（492 英尺）

马尔堡城堡

马尔堡，波兰
建造历时：170 年（1274 年—1450 年）

马尔堡城堡是一座无比壮观的中世纪城堡，它始建于 1274 年，并且曾经是条顿骑士团的总部所在地。几百年以来，马尔堡城堡经历了几次扩建，后来该建筑群甚至成为欧洲规模最大的哥特式建筑群，其中很多房间都能容纳 3000 名骑士。到了 15 世纪，条顿骑士团的影响力逐渐消失；而在长达 300 年的时间里，马尔堡城堡一直是波兰皇室的众多住所之一。以占地面积衡量，马尔堡城堡已经成为世界上规模最大的城堡，同时该建筑群也被联合国教科文组织列入了世界遗产名录。

名字的由来

在德语中，马尔堡城堡被称为“玛丽安堡”城堡，取这个名字是为了纪念耶稣的母亲圣母玛利亚。

总团长的宫殿

在马尔堡城堡中，条顿骑士团总团长所在的宫殿，是整个建筑群中最令人印象深刻的一个。在该宫殿内，有条顿骑士团总团长的私人房间。

条顿骑士团

1190 年，条顿骑士团成立于耶路撒冷王国的阿克古城，该骑士团成立的目的，是为了保护前往圣地的朝圣者。条顿骑士团的官方正式名称是“耶路撒冷的德意志弟兄圣母骑士团”，该组织的骑士们身穿带有黑色十字架的白色披风。时至今日，条顿骑士团依然存在，只不过该组织现在是一个慈善机构。

大宴会厅

在马尔堡城堡中，大宴会厅是面积最大的房间。

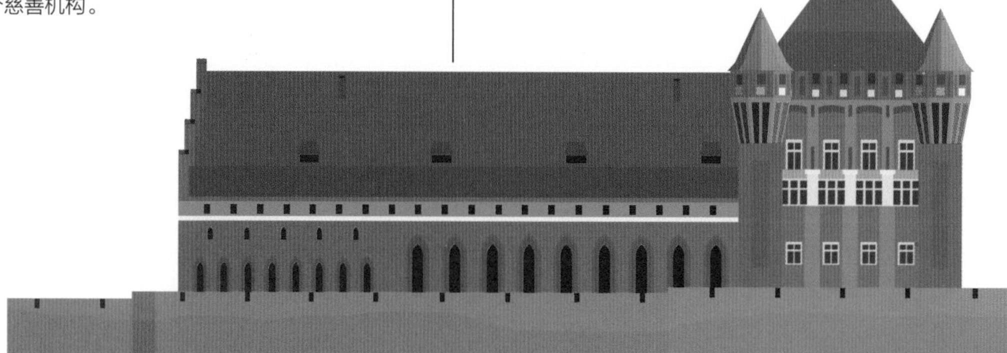

世界最大城堡

马尔堡城堡是世界上规模最大的城堡，其占地面积为 21 公顷（52 英亩）。

防御墙体

防御墙体底部的厚度达到了 6 米（20 英尺）。

失去准星的炮弹

1411 年，当马尔堡城堡被波兰军队团团围困时，某个叛徒在城堡内正在举行会议的房间窗户外挂上了一面红旗，那里也正是防御墙体的一个弱点。在那之后，波兰军队向马尔堡城堡发射了一枚重达 80 千克（176 磅）的炮弹，他们企图将正在召开高级军事会议的条顿骑士团指挥官炸死。然而那枚炮弹并没有命中目标，时至今日，马尔堡城堡的墙体上，依然嵌有当年那枚炮弹的弹片。

出售

1457 年，马尔堡城堡被出售给了波兰国王，当时该座城堡的售价为 660 千克（1455 磅）黄金。

圣安娜教堂

圣安娜教堂是条顿骑士团 11 位总团长的陵墓所在地。

被毁

1945 年，当德国军队防御苏联红军的进攻时，马尔堡城堡一半以上的建筑物都毁于战火。在第二次世界大战结束之后，马尔堡城堡一直在重新修缮，直到今天重建工作依然没有彻底结束。

改变

马尔堡城堡已经经历了多次重建，因此，该城堡现如今的外观，极有可能已经与最初日耳曼式的建筑风格存在明显的差异。

教士礼拜堂

马尔堡城堡的教士礼拜堂，被用来当作会议室。

主楼

马尔堡城堡的主楼高达 66 米（217 英尺），它被用来当作钟楼和瞭望台。

丹斯克塔

丹斯克塔孤零零地位于高城堡之外，那里既是一个卫生间，同时也是一个防御工事。

不败的城堡

历史上，马尔堡城堡从未被敌军攻破过。

供暖系统

马尔堡城堡内拥有一个规模很大且颇为先进的供暖系统，该系统极为合理地使用了火炉以及热分配管道。

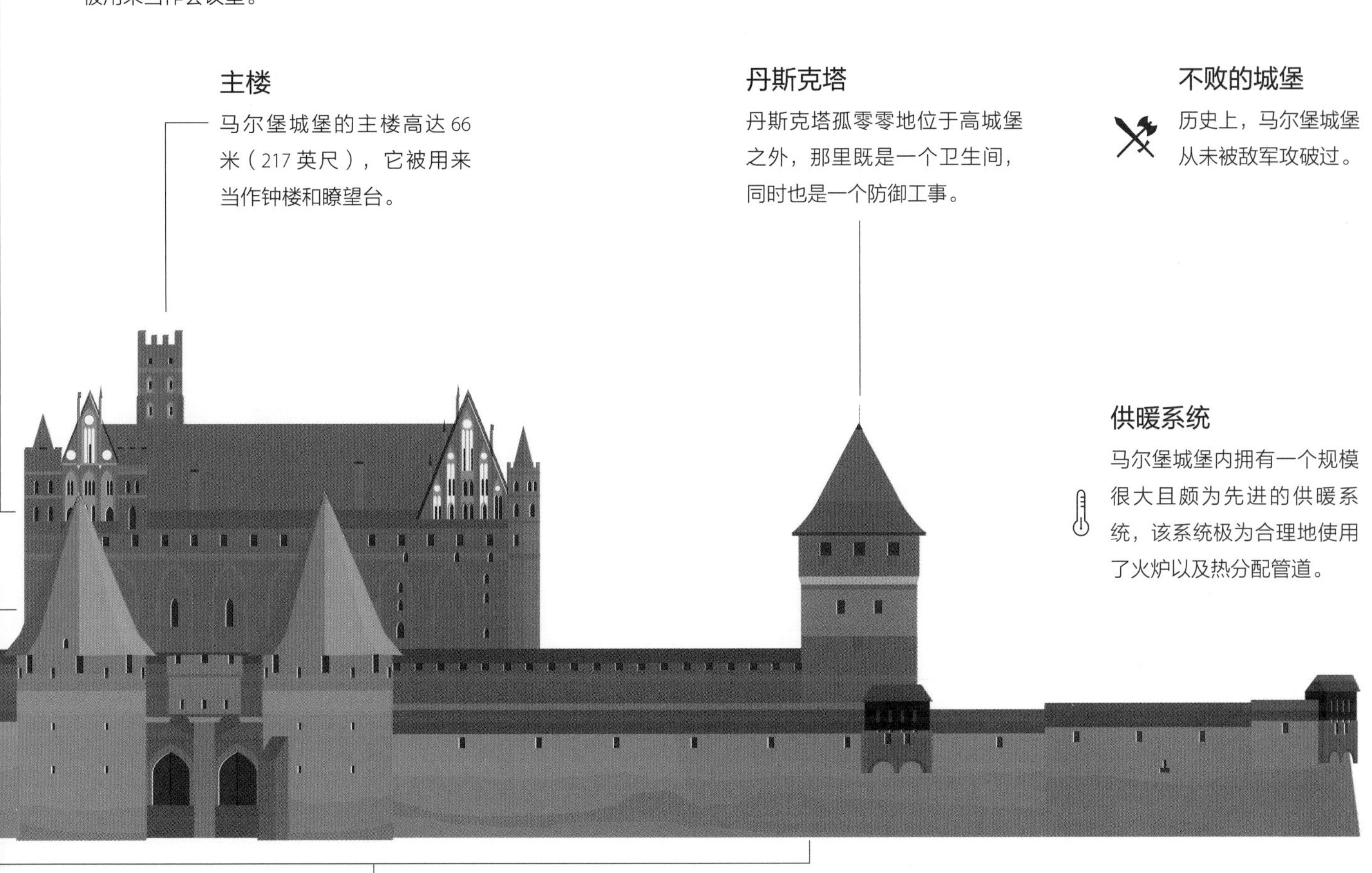

高堡

三座城堡

马尔堡城堡由三座不同的城堡共同组成，分别为高堡、中堡以及低堡。在三个城堡之间，是起到隔断作用的干涸护城河、防御墙体以及高塔。

砖结构建筑

马尔堡城堡是欧洲规模最大的砖结构建筑群：在修建该城堡的过程中，总共使用了 1200 万至 1500 万块砖。

纳粹目的地

20 世纪 30 年代初，马尔堡城堡曾经被纳粹占领，他们在该座城堡为希特勒青年团组织了一年一度的朝圣活动。

世界遗产

1997 年，联合国教科文组织将马尔堡城堡列入了世界遗产名录。

莫斯科克里姆林宫

莫斯科，俄罗斯
建造时间：17 世纪

克里姆林宫是俄罗斯首都莫斯科市中心的一座防御型堡垒，其占地面积约为 28 公顷（69 英亩）。克里姆林宫建筑群包括五座宫殿和四座大教堂，建筑群周围围绕着克里姆林宫的围墙，以及 19 座雄伟的克里姆林宫塔楼。克里姆林宫建筑群内最重要的建筑自然是克里姆林宫，这里之前是俄罗斯沙皇的莫斯科官邸，现如今是俄罗斯联邦总统的官邸。此外，“克里姆林宫”也经常被用来指代俄罗斯政府。

“内城”

克里姆林宫的名字为“Kremlin”，其在俄语中的意思为“内城”。实际上，在俄罗斯国内，很多城市都有克里姆林宫，当然，首都莫斯科的克里姆林宫是其中最著名的一个。

五星

在克里姆林宫的屋顶上，有五颗随风旋转的星星，每颗星星重约 1 吨。值得一提的是，那五颗星星都是由红宝石制作而成的，因此它们看起来异常明亮。俄罗斯人坚定地认为，克里姆林宫的五颗星星拥有“强大的能量”。

斯帕斯卡亚钟楼

斯帕斯卡亚钟楼是克里姆林宫时钟的放置地，它位于红场入口处的正上方。在时钟的边缘、指针以及表盘的数字上，总共覆盖着大约 30 千克的黄金。

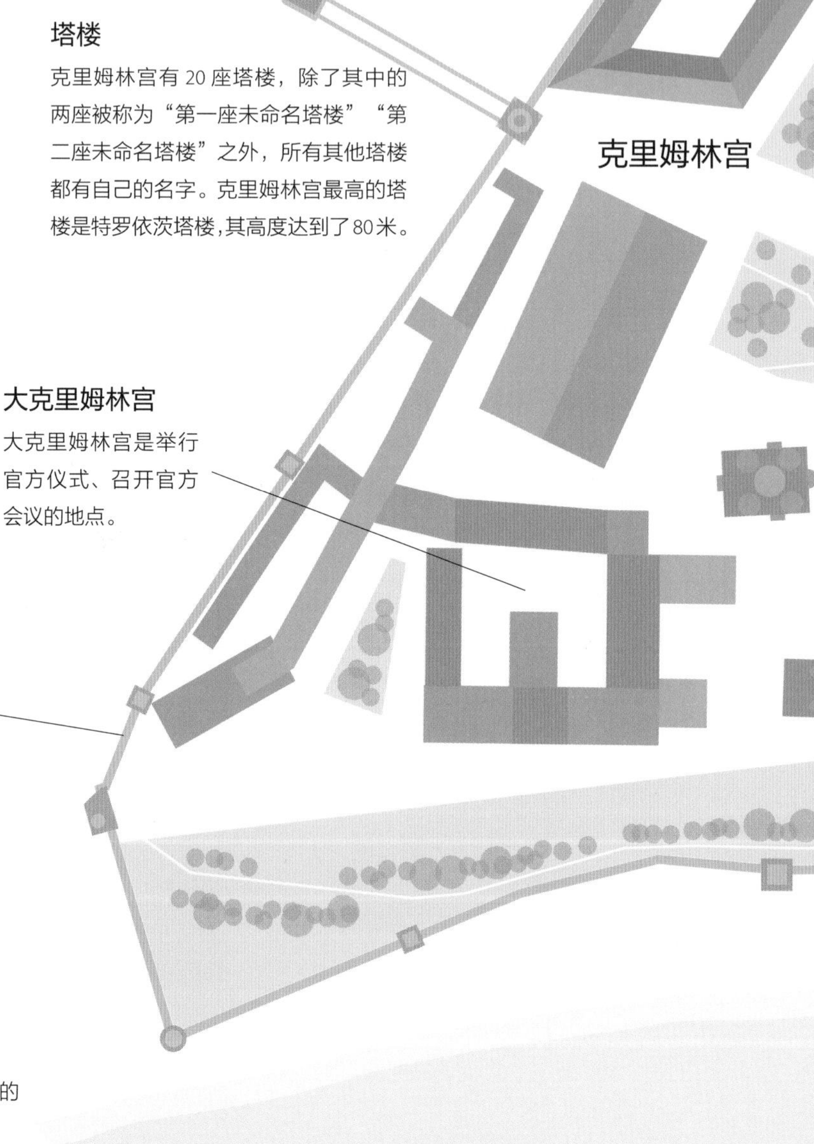

塔楼

克里姆林宫有 20 座塔楼，除了其中的两座被称为“第一座未命名塔楼”“第二座未命名塔楼”之外，所有其他塔楼都有自己的名字。克里姆林宫最高的塔楼是特罗依茨塔楼，其高度达到了 80 米。

大克里姆林宫

大克里姆林宫是举行官方仪式、召开官方会议的地点。

克里姆林宫围墙

1485 年至 1495 年，克里姆林宫围墙得到了重建，它也是莫斯科历史上第一座砖结构建筑物。

莫斯科河

莫斯科市正是以流经该市的莫斯科河来命名的。

俄罗斯国家历史博物馆

俄罗斯国家历史博物馆收藏有超过 400 万件藏品，从史前部落制作的黄金工艺品，到古代《圣经》的手稿，应有尽有。此外，俄罗斯国家历史博物馆还是世界上收藏钱币最多的博物馆之一。

美丽的地方

“红场”这个名字，与“颜色”“共产主义”都没有关系。红场的一部分曾经被称为“美丽的地方”。在俄语中，“美丽”一词是“krasivaya”，与“红色”（krasnaya）一词相关。

红场

列宁墓

2015 年莫斯科红场胜利日大阅兵

为了纪念卫国战争胜利 70 周年，俄罗斯于 2015 年在莫斯科红场举行了一次阅兵式，那是该国历史上规模最大的阅兵式，同时也是世界历史上规模最大的阅兵式之一。

参议员大楼

俄罗斯总统办公室就设在该座建筑当中。

占地面积

红场的占地面积约为 7.3 万平方米（239501 平方英尺），它相当于 10 个标准足球场那么大。

沙皇钟

沙皇钟是世界上最大的钟，其重量达到了 202 吨，高 6.14 米（20.1 英尺），直径为 6.6 米（22 英尺）。

圣瓦西里大教堂

飞机着陆

1987 年，18 岁的德国人马蒂亚斯·鲁斯特驾驶飞机在红场附近的瓦西列夫斯基坡道违法降落，当时那个年轻人渴望在东西方之间建立起一座“梦想中的桥梁”，以缓解冷战时期紧张的东西方国际形势。

直升机停机坪

自 2013 年以来，俄罗斯总统都是乘坐直升机前往克里姆林宫。

列宁墓

列宁墓是苏联共产党最高领导人弗拉基米尔·列宁的长眠之地。在列宁逝世之后，苏联将他的遗体保存了下来，并且安放在列宁墓供民众瞻仰。

弗拉基米尔·列宁

弗拉基米尔·列宁是 1917 年十月革命的组织者，随后他成为苏联这个社会主义国家的第一任领导人。1924 年，在连续三次中风之后，弗拉基米尔·列宁撒手人寰。

约瑟夫·斯大林

在 1953 年至 1961 年间，斯大林的遗体也曾经被放置于列宁墓内列宁遗体的旁边。然而在赫鲁晓夫成为苏共中央第一总书记之后，他将斯大林的遗体从列宁墓中移走。

遗体的保存

列宁墓内专门有一个防腐团队，他们的职责是防止列宁的遗体发生腐坏。为了实现这一目标，防腐团队每隔 18 个月就必须用特殊的化学药剂清洗一次列宁的遗体，在那段时间里列宁墓将不会对公众开放。除了防止列宁的遗体发生腐坏之外，工作人员还要仔细地清洗、熨烫列宁的衣服。

列宁遗体的着装

列宁的遗体身穿深色套装，上面别着苏联中央执行委员会的徽章。

第二次世界大战

在第二次世界大战期间，列宁的遗体曾经被运往秋明市，以避免遭到战火的破坏。1945 年，苏联当局重新修复了列宁墓。

列宁墓开放

在列宁去世之后的第 6 天，一座最初为木质结构的列宁墓便开始向公众开放了。在开放后最初的六个星期时间里，总共有超过 10 万人前往列宁墓吊唁。

表示敬意

在 1924 年至 1972 年间，总共有超过 1000 万人前往列宁墓瞻仰列宁的遗容。

金字塔

列宁墓是由红色的花岗岩、黑色的富拉玄武岩建造而成的陵墓，其结构为五层的金字塔结构。此外，列宁墓还有一个面积为 10 平方米的悼念厅。

圣瓦西里大教堂

圣瓦西里大教堂是一个由圆顶、尖顶以及塔楼共同组成的多色建筑，它也是俄罗斯最具标志性的建筑物之一。为了纪念 1522 年战胜喀山汗国，俄罗斯于 1561 年建造了圣瓦西里大教堂。

九座教堂

圣瓦西里大教堂由 9 座独立的小教堂组成，最初那些小教堂之间有通道相连接。

颜色的改变

最初，圣瓦西里大教堂是白色的。到了 17 世纪至 19 世纪，俄罗斯方面才将其刷成了各种鲜艳的颜色。

洋葱式圆顶

最初，圣瓦西里大教堂的屋顶是金色的。1583 年发生火灾之后，圣瓦西里大教堂得以重建，在那之后，洋葱式圆顶才变成了现在的样子。

代祷教会

圣瓦西里大教堂的 9 座小教堂中，最大的一座建筑面积也只有 64 平方米。

得以幸存的古钟

1929 年，苏联当局下令熔掉所有的铜钟。目前，只有一口古老的铜钟得以保存下来。

火焰式设计

其形状被设计成了一团燃烧着的火焰，这种设计是俄罗斯建筑所特有的风格。

博物馆

今时今日，圣瓦西里大教堂已经成为一座博物馆。

幸存的宗教建筑

1812 年，拿破仑入侵俄罗斯；到了 20 世纪，斯大林又下令摧毁所有宗教建筑。令人惊讶的是，圣瓦西里大教堂历经两次浩劫，居然幸运地保留了下来。

高度

圣瓦西里大教堂最高处高达 47.5 米（156 英尺）。直到 1600 年，它都是莫斯科市内的最高建筑物。

“恐怖伊万”

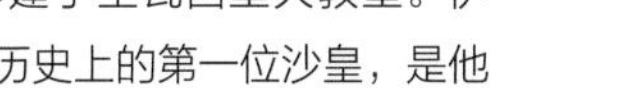

伊万四世下令修建了圣瓦西里大教堂。伊万四世是俄罗斯历史上的第一位沙皇，是他将该国变成了一个帝国。历史上，伊万四世以生性残忍、精神状态不稳定而著称。

“赐”盲建筑师

相传，在圣瓦西里大教堂正式落成之后，“恐怖伊万”伊万四世刺瞎了建筑师的双眼，以免在那之后他还能建造出如此美丽的建筑物。

收归国有

1923 年，圣瓦西里大教堂被秉承无神论的苏联政府没收。自从 1997 年以来，圣瓦西里大教堂每周都会举行宗教仪式，然而尽管如此，目前它依然归俄罗斯国有。

西伯利亚大铁路

俄罗斯
建造历时：25 年（1891 年—1916 年）

西伯利亚大铁路西起俄罗斯首都莫斯科的市中心，东至太平洋沿岸，该条铁路穿越了世界上最大的无人区之一，经过了世界上最大的湖泊……一言以蔽之，沿西伯利亚大铁路前进，绝对是一段独一无二的旅程。

西伯利亚大铁路本身就是一项非常了不起的技术成就。为了建成世界上最长的铁路，俄罗斯的工程技术人员不得不征服西伯利亚的永久冻土，此外他们还必须在数百条河流上架起铁路桥梁。

旅行时间

正常情况下，一列火车要经过 8 天的时间才能走完西伯利亚大铁路的全程。如果是驾驶汽车的话，就算是中间一刻不停地行驶，也需要 5 天的时间才能从该条铁路的一端抵达另外一端；而如果是步行，那么则需要一个人不眠不休地快速行走 73 天才行。

世界最长铁路线

西伯利亚大铁路是世界上距离最长的铁路线，其全长达到了 9289 千米（5772 英里）。形象地说，西伯利亚大铁路的长度，与伦敦到里约热内卢的距离相差不多。

跨越多个时区

西伯利亚大铁路总共跨越了 8 个不同的时区。

工业化

俄罗斯当年之所以决定修建西伯利亚大铁路，是为了连接远东地区与该国较为发达的欧洲地区，以便加快相对落后地区的工业化进程。

雅罗斯拉夫尔

莫斯科

西伯利亚大铁路的西端，是俄罗斯首都莫斯科最为繁忙的火车站——雅罗斯拉夫尔火车站，在从该火车站驶出后，火车便沿着西伯利亚大铁路穿越莽莽俄罗斯。

基洛夫

彼尔姆

叶卡捷琳堡

秋明

鄂木斯克

克拉斯诺亚尔斯克

沙皇时代的产物

西伯利亚大铁路的修建，始于沙皇亚历山大三世（1881 年—1894 年）统治时期，结束于沙皇尼古拉斯二世（1894 年—1917 年）统治时期。

新西伯利亚

新西伯利亚是西伯利亚地区人口最多的城市，那里生活着 160 万居民。

第二次世界大战

直到 1941 年德国进攻苏联之前，西伯利亚大铁路一直是轴心国与其亚洲盟国日本之间运输货物的大通道。

火车轮渡

在西伯利亚大铁路修建之前，曾经有人建议称，当该铁路需要横跨某些河流的时候，不需要修建桥梁，只需用轮渡将火车运送到河对岸即可。这种方式所产生的费用，要比兴建桥梁所产生的费用低。

分段修建

根据设计方案，西伯利亚大铁路分成七个区段，每个区段都是独立建设的。

用工人数

大约有 6.2 万名工人参与了西伯利亚大铁路的修建工作，他们中的大部分都是军人或者罪犯。

票价

目前，坐火车走完西伯利亚大铁路的全程，最低票价是 150 欧元。

电气化改造

1929 年，西伯利亚大铁路开始了电气化改造。

西伯利亚

西伯利亚地区以严冬而闻名于世，历史上该地区也曾经作为苏联的劳改集中营，那里是全世界人口最为稀少的地区之一。西伯利亚地区占俄罗斯国土总面积的 77%，然而该地区的人口只占全国总人口的 27%。

贝加尔湖

贝加尔湖是世界上最深、水量最大的淡水湖。数据显示，贝加尔湖拥有地球上 22% 至 23% 的淡水。

哈巴罗夫斯克

阿穆尔河上的桥梁是西伯利亚大铁路最后一段需要完工的铁路工程。

符拉迪沃斯托克（海参崴）

符拉迪沃斯托克（海参崴）是俄罗斯远东地区唯一的大型不冻港，此外俄罗斯太平洋舰队的司令部也设在这里。

伊尔库茨克

1898 年，火车首次出现在了伊尔库茨克这座城市。

日俄战争

在 1904 年至 1905 年的日俄战争中，俄罗斯利用西伯利亚大铁路运送士兵到双方交战区域。然而西伯利亚大铁路是单轨铁路，运输能力极为有限，这在一定程度上导致了俄罗斯最终的失败。

货物装运

当年，欧洲需要从中国购买大量的货物。与海上运输动辄一个月的漫长时间相比，走西伯利亚大铁路的陆上运输显然速度要快得多。每一年，都会有 20 万个集装箱从中国沿西伯利亚大铁路运往欧洲。

诺坎普球场

巴塞罗那，西班牙
建造历时：3 年（1954 年—1957 年）

诺坎普球场是西甲豪门巴塞罗那队的主场，它是一座巨大的三层专业足球场，在过去六十多年的时间里，该座球场一直是客队的噩梦。诺坎普球场是全欧洲最大的足球场，同时也是巴塞罗那市的地标性建筑。对于巴塞罗那足球俱乐部来说，诺坎普球场无疑是一座完美的主场，因为自从该球场投入使用以来，加泰罗尼亚豪门已经赢得了 74 座国内赛事的冠军奖杯，这其中包括 26 个西甲冠军、30 个西班牙国王杯冠军、13 个西班牙超级杯冠军、3 个伊娃杯冠军以及 2 个西班牙联赛杯冠军。

记分牌

1975 年，诺坎普球场首次安装了电子记分牌。

为了承办 1982 年世界杯足球赛，诺坎普球场增加了第三层看台。

欧洲最大足球场

诺坎普球场能够容纳 99354 名球迷到场观战，该座球场是全欧洲最大的专业足球场，同时也是世界第三大专业足球场。

安全第一

尽管诺坎普球场的规模、体量都异常庞大，以至于能够容纳将近十万名球迷，然而所有到场球迷都可以在 5 分钟之内撤离该球场。目前，诺坎普球场是世界上最安全的体育场之一。

巴塞罗那足球俱乐部

在全球体育俱乐部价值排行榜上，巴塞罗那俱乐部位列第 4 名，该队的估值为 40 亿美元。值得一提的是，巴塞罗那队从来没有降入过低级别联赛，他们始终在西班牙顶级联赛中征战。

最高上座率

诺坎普球场落成之初，可以容纳 106146 名球迷到场观战。1986 年欧洲冠军杯四分之一决赛，巴塞罗那主场迎战意甲劲旅尤文图斯，在该场比赛中，有 12 万名球迷涌入了诺坎普球场，那场比赛的观众人数创造了该球场到场球迷人数的最高纪录。

巴塞罗那俱乐部博物馆

巴塞罗那俱乐部博物馆于 1984 年正式对外开放。2015 年，总共有 180 万名游客前往巴塞罗那俱乐部博物馆参观游览，那里也是整个西班牙游客人数最多的博物馆之一。

照明灯

诺坎普球场的照明灯，都安装在最高层看台的顶部，以及球场另外一边顶棚的边缘位置。

“不只是一家俱乐部”

巴塞罗那足球俱乐部的座右铭是“不只是一家俱乐部”。

揭幕战

诺坎普球场所承办的第一场比赛，在巴塞罗那与华沙选拔队之间展开。最终，巴塞罗那以 4-2 的比分顺利击败对手。

名字的由来

在加泰罗尼亚语中，诺坎普球场的名字“Camp Nou”意为“新球场”。在诺坎普球场之前，巴塞罗那足球俱乐部的主场是勒哥尔特球场，由于该座球场无法容纳更多的球迷，因此巴塞罗那足球俱乐部才新建了诺坎普球场。

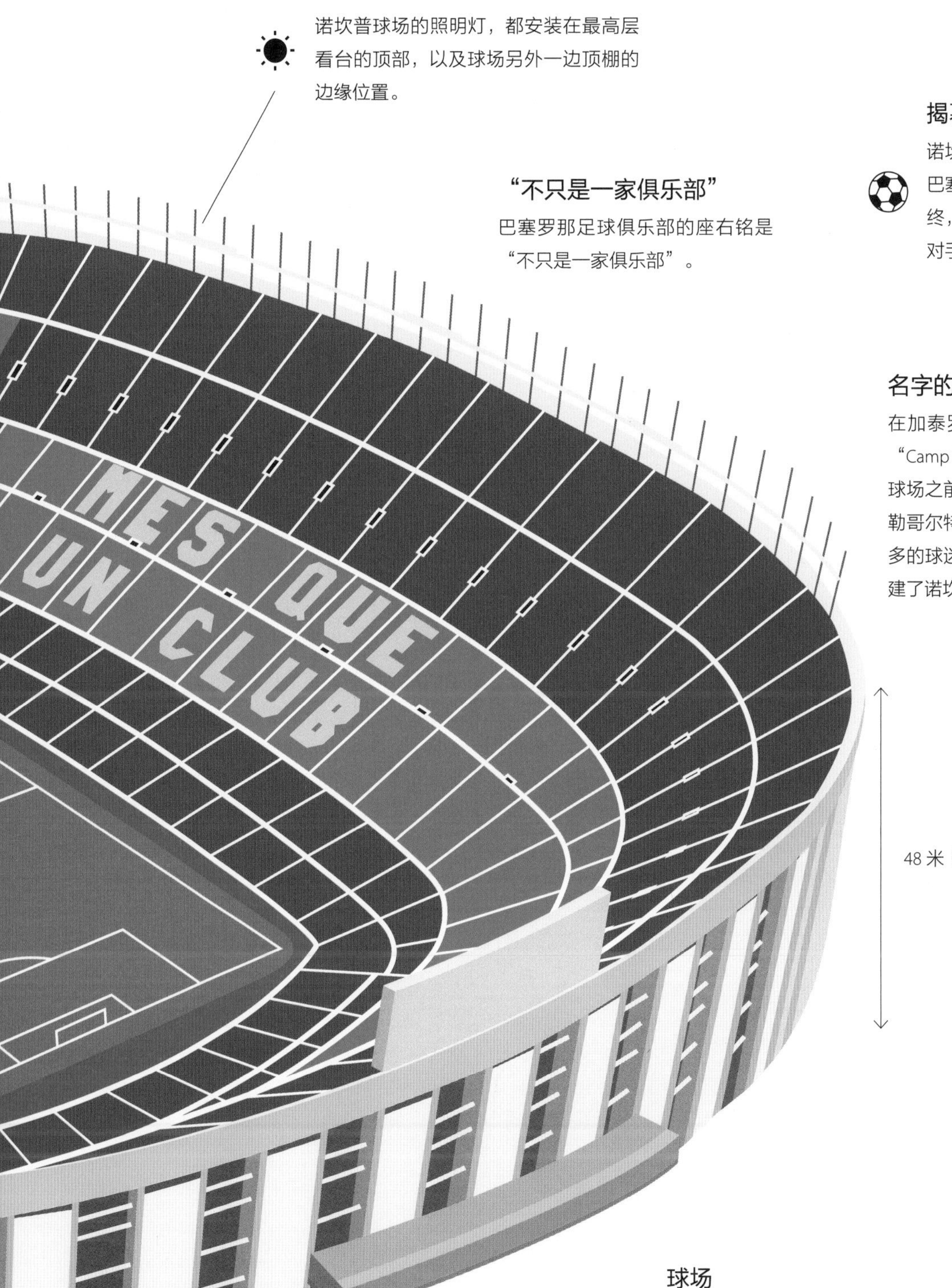

球场

1993 年至 1994 年，诺坎普球场的草坪被降低了 2.5 米（8 英尺），这一改变为到场观众营造出了更大的空间。

教皇来访

1982 年，教皇约翰 · 保罗二世在诺坎普球场为超过 121500 人举行了弥撒。

扩建工程

到了 2021 年，诺坎普球场的容量将增加到 10.5 万个座席，而且所有看台都将会装上顶棚。诺坎普球场的此次改扩建工程，造价总额高达 6 亿欧元。

毕尔巴鄂古根海姆博物馆

毕尔巴鄂，西班牙
建造历时：4 年（1993 年—1997 年）

毕尔巴鄂古根海姆博物馆是世界上最为壮观的伟大建筑之一，该博物馆为现代、当代艺术的杰出作品提供了一个完美的陈列场所。在古根海姆博物馆的推动之下，毕尔巴鄂这个曾经衰败的港口城市，重新焕发出了勃勃的生机。现如今，毕尔巴鄂已经成为西班牙巴斯克地区一个极为重要的文化中心。

设计师

毕尔巴鄂古根海姆博物馆是由美国设计师弗兰克 · 盖里设计的，这位设计师堪称是当代建筑设计师中的翘楚。毕尔巴鄂方面特别要求弗兰克 · 盖里必须将古根海姆博物馆设计成为一个前沿、大胆、极具创新精神的建筑物。最终，古根海姆博物馆也成为了弗兰克 · 盖里设计生涯中最优秀的作品之一。

“蛇”

这座长达 100 米、重达 180 吨的金属雕塑，是古根海姆博物馆保存的最著名的藏品之一。

安赛乐米塔尔房间

毕尔巴鄂古根海姆博物馆内最大的画廊，由世界最大钢铁制造商安赛乐米塔尔集团赞助。在安赛乐米塔尔房间里，陈列着钢铁打造的“蛇”雕塑。

巨大的空间

当毕尔巴鄂古根海姆博物馆正式开放时，它所拥有的展览空间，要比其他三个古根海姆博物馆加起来还要大。

古根海姆博物馆

迄今为止，所罗门 · R. 古根海姆基金会总共建立了四个博物馆，它们分别位于美国纽约、意大利威尼斯、西班牙毕尔巴鄂以及阿拉伯联合酋长国首都阿布扎比。其中，阿布扎比古根海姆博物馆目前处于在建状态。

建筑面积

毕尔巴鄂古根海姆博物馆总建筑面积约为 4.6 万平方米。

钛金属墙

在毕尔巴鄂古根海姆博物馆内，某些弯曲的金属墙是由钛金属制成的，其厚度只有 0.5 毫米。

海洋灵感

毕尔巴鄂古根海姆博物馆的建筑物外形，与一艘帆船颇为神似。这一设计方案，与毕尔巴鄂这座沿海城市的特征颇为契合。

游客人数

2018 年，总共有大约 130 万名游客前往毕尔巴鄂古根海姆博物馆参观游览。

项目资金

西班牙巴斯克大区政府承担了毕尔巴鄂古根海姆博物馆的建设费用，设立了5000万美元的收购资金，并且每年都会资助给该博物馆1200万美元的经费。

建造成本

8900万美元

开门迎客

1997年，毕尔巴鄂古根海姆博物馆正式开门迎客，当时西班牙国王胡安·卡洛斯一世亲自出席了开馆仪式。

天窗

毕尔巴鄂古根海姆博物馆内有许多大而隐蔽的天窗，那些天窗能够让和煦的阳光照亮整个博物馆内部。

丑闻

2007年，一桩丑闻遭到了曝光：毕尔巴鄂古根海姆博物馆账户上的大笔资金不翼而飞。后来查明，那些资金都被当时的博物馆馆长转到了自己的私人账户上。

不规则的房间

毕尔巴鄂古根海姆博物馆内画廊的形状并不规则，这一点与其外观设计高度符合。

石灰石

毕尔巴鄂古根海姆博物馆的垂直墙壁，都是用石灰石建成的。

画廊

毕尔巴鄂古根海姆博物馆总共有20个画廊，每个画廊都被设计成特殊的形状，以便能够充分调动起参观者的视觉神经。

承重墙

类似于毕尔巴鄂古根海姆博物馆这样的建筑物，施工的重点是承重墙以及天花板。承重墙的设计尤为关键，因为更好的设计能够创造出更大的内部空间，以避免太多的结构支撑柱将空间割裂得支离破碎。

城市助推器

毕尔巴鄂古根海姆博物馆项目，是整个毕尔巴鄂复兴计划的一个重要组成部分。现在看来，古根海姆博物馆的出现，大大提高了全球对于毕尔巴鄂这样一个之前默默无闻的城市的认识，也为该座城市吸引了数百万的游客。数据显示，在古根海姆博物馆开馆之后的三年时间里，游客们在毕尔巴鄂大约消费了5亿欧元。

虚拟设计

根据时间以及预算的要求，建造方通过虚拟设计的方式设计出了毕尔巴鄂古根海姆博物馆。整个设计过程非常复杂，好在开创性的虚拟建模过程，为计算机可视化设计在建筑领域的应用设定了基准。

威斯敏斯特宫 & 威斯敏斯特大教堂

伦敦，英国

建造历时：威斯敏斯特宫——36 年（1840 年—1876 年），威斯敏斯特大教堂——680 年（1065 年—1745 年）

引人瞩目的哥特复兴式建筑风格，巨大到令人难以置信的规模，以及泰晤士河上独一无二的地理位置……这一切的一切，都让威斯敏斯特宫成为了世界上最著名的建筑物之一。威斯敏斯特宫是英国下议院、上议院的所在地，通常该座建筑也被称为“议会大厦”。威斯敏斯特宫拥有著名的钟楼以及大本钟，它是伦敦乃至整个英国的符号和象征。

威斯敏斯特大教堂是英国最著名的宗教建筑之一，它在历史上也是英格兰、英国君主举行加冕礼的传统场所。威斯敏斯特大教堂总共举行过 16 场王室成员的婚礼，同时那里也是许多著名人物的长眠之地：总共有 16 位君主、8 位首相的遗体被埋在那里。

威斯敏斯特地铁站

威斯敏斯特地铁站是一个异常繁忙的地铁站：仅在 2017 年，就有 2560 万人次的乘客在该地铁站上下车。1999 年，伦敦地铁银禧线延伸到了威斯敏斯特地铁站，为了增加必要的新站台，伦敦方面在该地铁站的下方又挖了一个 39 米（128 英尺）深的工程洞穴。那也是有史以来伦敦市区最深的一次挖掘工作。

圣玛格丽特教堂

公元 12 世纪，圣玛格丽特教堂建于威斯敏斯特大教堂北面的庭院当中，它让当地人拥有了一个更方便的教区教堂来进行礼拜。1987 年，圣玛格丽特教堂与威斯敏斯特宫、威斯敏斯特大教堂一道，被联合国教科文组织列入了世界遗产名录。

大本钟

英国最高法院

议会广场花园

威斯敏斯特大桥

威斯敏斯特大桥被喷涂成了绿色，与伦敦下议院座位的颜色保持一致。而威斯敏斯特宫（即议会大厦）对面的兰贝斯桥，则被喷涂成了红色——与上议院座位的颜色相同。

威斯敏斯特宫

威斯敏斯特大教堂

毁于火灾的旧宫殿

1834 年，一个用来焚烧木料的炉子引发了一场大火，导致旧宫殿被彻底焚毁。

乔治五世雕像

在乔治统治期间（1910 年—1936 年），大英帝国成为了人类历史上最大的帝国，它拥有全世界 24% 的陆地面积，治下人口多达 4.58 亿——占全世界人口总数的四分之一。

泰晤士河

在伦敦，有大约 70% 的饮用水都来自于泰晤士河。在流经伦敦之前，泰晤士河的河水首先被收集到英国首都西部的水库当中。

珍宝塔

珍宝塔建于公元 13 世纪。在之后长达 300 年的漫长岁月当中，珍宝塔都被用来储存英格兰君主的私人财富。

克林格绿地

站在克林格绿地，威斯敏斯特宫会成为一个美妙的背景，这让其成了电视记者进行采访、报道工作的热门地点。

威斯敏斯特大教堂

威斯敏斯特大教堂是英国君主举行加冕礼的地方，同时也是他们的长眠之地。

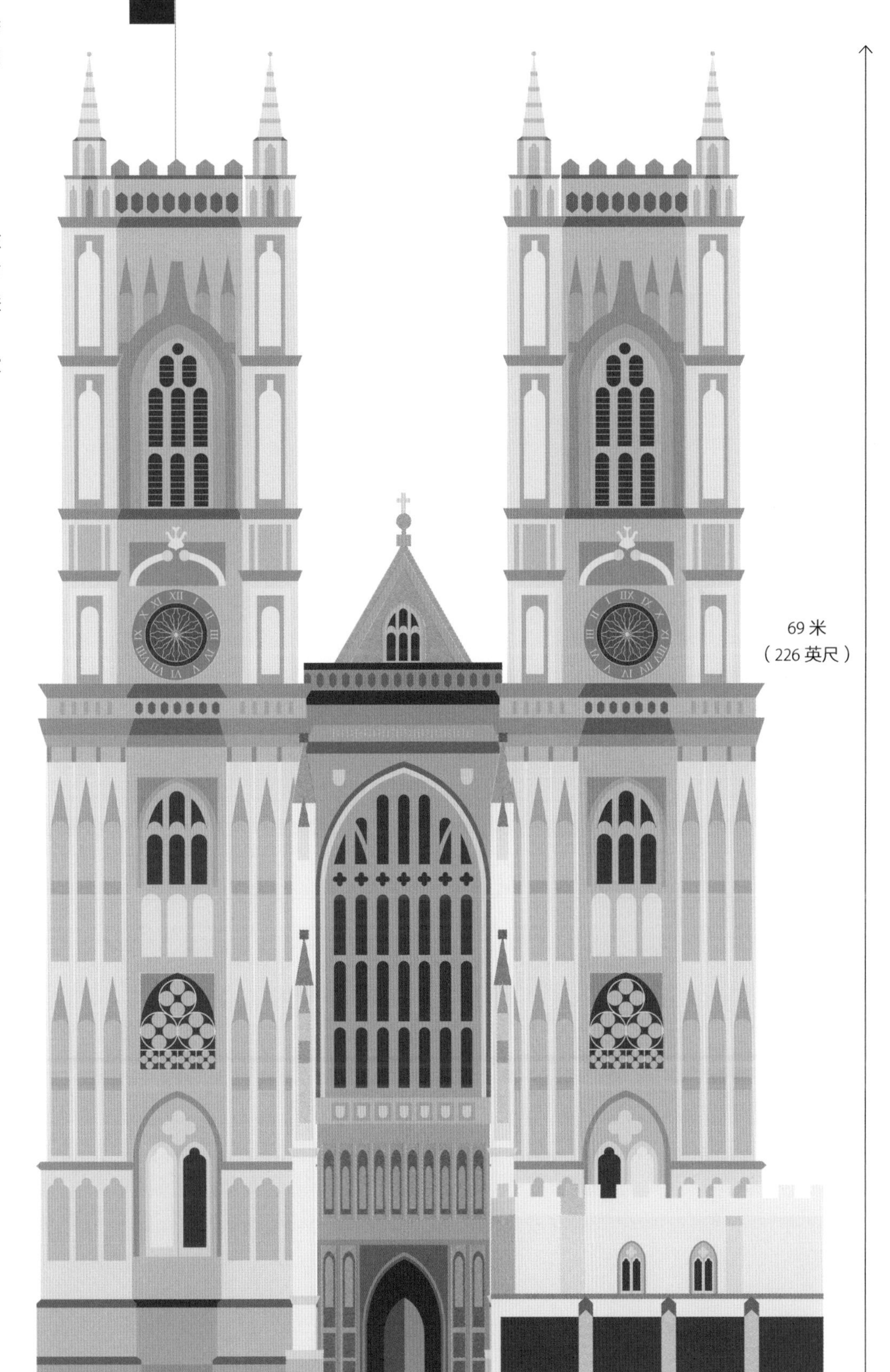

悬挂的旗帜

根据仪式、场合的不同，威斯敏斯特大教堂所悬挂的旗帜也会有所不同。具体有如下选择：英联邦邦旗，圣彼得旗，修道院旗，联合王国国旗，圣徒国旗，皇家空军军旗，以及皇家标准旗。

威廉一世

1066 年，英格兰诺曼王朝第一任国王威廉一世在威斯敏斯特大教堂加冕，他也是第一位在此加冕的君主。自威廉一世之后，除爱德华五世、爱德华八世之外的所有英格兰、英国君主，都是在威斯敏斯特大教堂举行的加冕仪式。

女王伊丽莎白二世

1953 年，女王伊丽莎白二世在威斯敏斯特大教堂举行加冕礼，并第一次在电视上播出。

墓葬

有超过 3300 人被埋葬在了威斯敏斯特大教堂，其中包括 17 位英格兰、英国君主，此外还有伊萨克 · 牛顿、查尔斯 · 狄更斯这样的社会名流。

耶路撒冷会议厅

耶路撒冷会议厅是一个非常壮观的房间，它曾经是威斯敏斯特大教堂修道院院长房间的一部分。1413 年，英格兰兰开斯特王朝第一位国王亨利四世，死于耶路撒冷会议厅的壁炉旁边。

威斯敏斯特宫

威斯敏斯特宫通常也被称为“议会大厦”，它是一座英国哥特复兴式建筑风格的建筑。

1834 年，一场大火烧毁了之前作为英国议会大厦的那座中世纪建筑；两年之后的 1836 年，建筑师查尔斯 · 巴里的设计方案脱颖而出，议会大厦行将重建。新议会大厦建筑群的规模要比之前大很多，它占地 3.2 公顷（8 英亩），内部有 1100 多个房间；而一堵 300 米（980 英尺）长的外墙，则被建在了泰晤士河畔新开垦的土地上。除了独立的珍宝塔之外，旧议会大厦的少数遗骸，都被纳入到了新议会大厦当中。

奥古斯塔斯 · 普金

虽然查尔斯 · 巴里的设计方案在众多候选方案中最终胜出，然而实际上奥古斯塔斯 · 普金也在该项设计工作中付出了巨大的努力。具体来说，他完成了威斯敏斯特宫内部大部分细节的设计方案，从装饰板到门把手的雕刻图样，事无巨细。

维多利亚塔

在维多利亚塔的 12 个楼层里，总共存储着 300 多万份议会会议记录，其中的某些会议记录，甚至可以追溯到 1497 年。值得一提的是，存放议会会议记录的货架，总长度达到了 9.6 千米（6 英里）。维多利亚塔塔高 98.5 米（323 英尺），它比威斯敏斯特宫北侧、名气更大的伊丽莎白塔还要高出 2.2 米（7 英尺）。

屋顶

威斯敏斯特宫的屋顶总共使用了大约 8000 块砖，每块砖重约 75 千克（165 磅）。

上议院会议厅

这是英国议会上院召开会议的场所，该房间也是威斯敏斯特宫中最华丽的一个。上议院会议厅总共只有大约 400 个座位，供 792 名有资格参加上议院会议的议员使用。

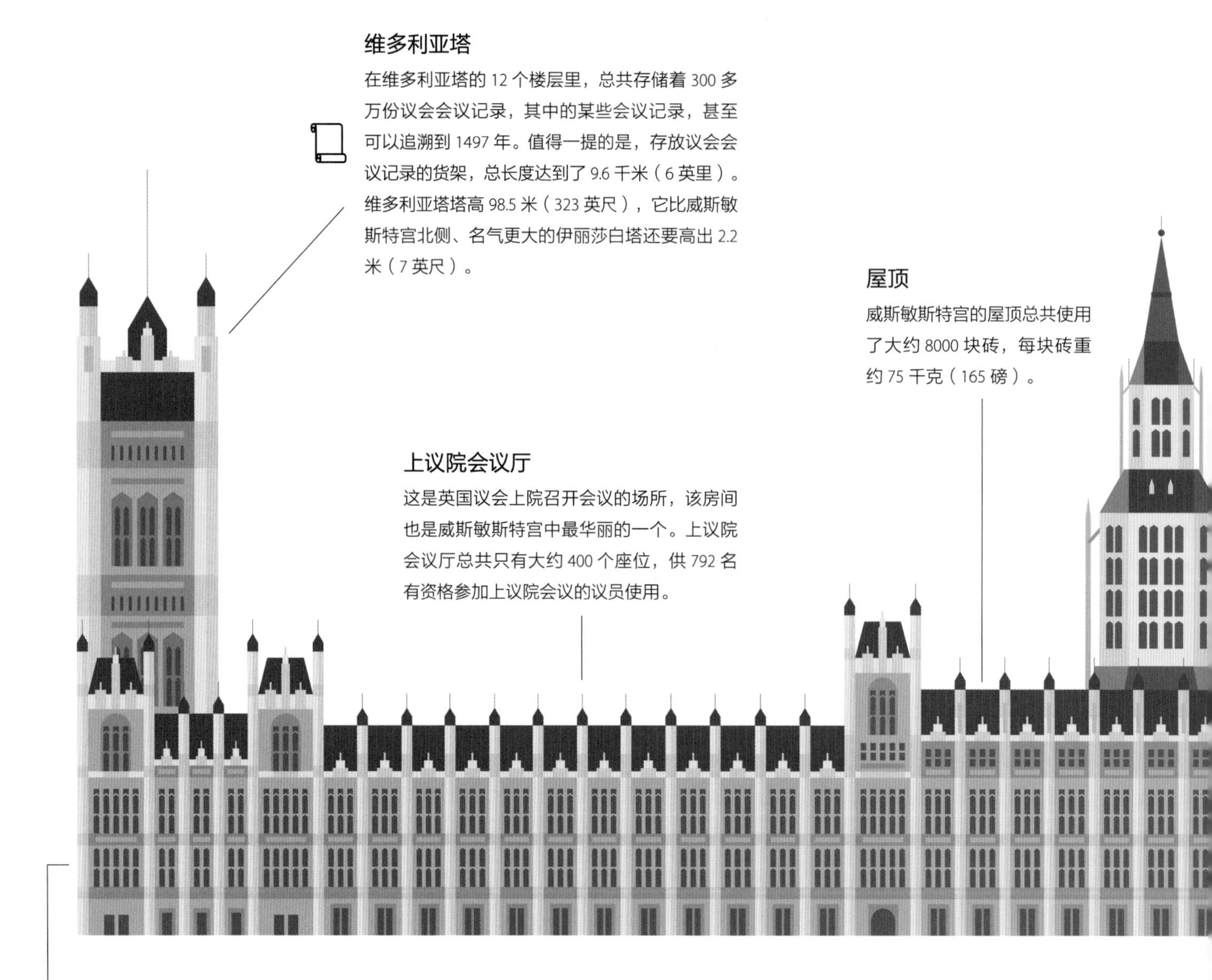

主楼层

威斯敏斯特宫内最主要的房间都在一楼。

窗户

威斯敏斯特宫总共约有 3400 扇彩色玻璃窗。

大本钟

从理论上来说，“大本钟”是伊丽莎白塔内的五座钟里面最大的那一座，然而现在人们通常用它的名字来指代伊丽莎白塔。2012 年，为了纪念女王伊丽莎白二世登基 60 周年的“钻石庆”，该座建筑被正式更名为“伊丽莎白塔”。大本钟每隔五年清洗一次。有意思的是，如果你站在该座建筑物的底部，那么你所听到的钟声，要比在英国其他某地收看大本钟现场直播的某人听到的钟声更晚。

整修

2018 年，英国国会议员投票通过了对威斯敏斯特宫进行重大翻修的议案。该项工程的耗资总额将达到大约 35 亿英镑。威斯敏斯特宫的翻修工程预计需要六年的时间才能完成。这也就意味着，在这六年时间里，英国国会议员们必须另寻办公地点了。

爱尔顿之光

“爱尔顿之光”是一盏灯。当英国议会的上议院或者下议院开会时，“爱尔顿之光”就会被点亮。1885 年，“爱尔顿之光”正式“进驻”大本钟，当时即便是身在白金汉宫的维多利亚女王，都可以看到这盏灯。

下议院会议厅

下议院会议厅是英国议会下院召开会议的地点。该会议厅总共只有 427 个座席，然而下议院总共有 650 位议员。从传统来说，英国君主是绝对不会进入到下议院会议厅的。

96 米
（315 英尺）

石材保护

从 1981 年至 1994 年，英国方面为了修复整座建筑外立面的石材，总共用了 13 年的时间。

规模

威斯敏斯特宫内总共拥有 1100 多个房间；内部通道总长度达到了 4.8 千米（2.9 英里）。

巨石阵

威尔特郡，英国
建造历时：1500 年（公元前 3100 年—公元前 1600 年）

毫不夸张地讲，从建筑层面上来分析，巨石阵是世界上现存最为先进的史前石圈，同时它也是英国古代文化遗产的一个独特的记录。巨石阵内的第一个石圈结构，大约是在 5000 年前建造而成的。

“大石圈”建于公元前2500年左右，它与吉萨大金字塔几乎是同时修建的。后来，大石圈的附近又增加了古代坟冢和小石圈。巨石阵极具辨识度，它位于一个颇具考古价值的广阔区域的中心。那么，巨石阵的建造者究竟是谁？当初人们建造它的目的究竟是什么？很多学者都对此提出了自己的观点和看法。

封闭道路

英国 A344 号公路异常繁忙，该条公路距离巨石阵只有 50 米（164 英尺）的距离。2013 年，由交通产生的共振威胁到了巨石阵，因此英国政府决定彻底关闭 A344 号公路，并将其拆除。

世界遗产

1986 年，巨石阵被联合国教科文组织列入了世界遗产名录。

墓地

有一种猜测认为，巨石阵很有可能是作为一个墓地而被建造的。迄今为止，巨石阵附近已经发现了数百个古代坟冢。

梅林神话

一个 12 世纪的神话传说称，亚瑟王的宫廷巫师梅林从爱尔兰的基拉劳斯山带来了魔法石，并且在威尔特郡建造了巨石阵，以纪念死去的王子。

出售

1915 年，一位威尔特郡当地的商人在拍卖会上以 6600 英镑的价格买下了巨石阵，他将该建筑群当作礼物送给了自己的妻子。三年之后，该名商人将巨石阵又交还给了英国人民。

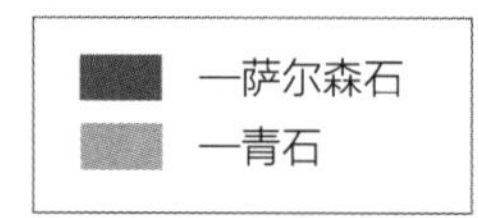

萨尔森石

巨石阵中的萨尔森石平均每块的重量达到了 25 吨。其中，“踵石”是所有萨尔森石当中最重的一个，其重量达到了 30 吨。

青石

这些重达1至2吨的石头，来自于240千米（150英里）之外的南威尔士。现在看来，当年的工人可能是用船只将那些青石运来的。

踵石

三重三石塔

祭坛之石

56 号石

求婚

每个月，都会有 1 至 2 个人在巨石阵向自己的爱人求婚。

牺牲之石

有一种说法认为，牺牲之石上的红色斑点，是德鲁伊教在进行祭祀活动时，受害者的鲜血留下的痕迹。实际上，石头中的铁元素会导致石头显示出红色。

限制游客人数

自从 1978 年以来，英国方面一直都在严格限制进入巨石阵核心区域的游客人数，这样做的目的是为了对其进行保护。

首次挖掘

1620 年，英国方面以白金汉公爵的名义对巨石阵进行了首次挖掘。

志愿者

大约有 150 名志愿者在巨石阵工作。

修复

1901 年，英国方面首次对巨石阵进行修复，主要工作包括对需要修复的石头进行校直，以及混凝土加固。

大三石塔

石圈内曾经有五个三石塔。所谓“三石塔”，是指巨石阵中由三块巨石所组成的“门”状结构，其中两块巨石作“门柱”，而另外一块巨石搭在两根“门柱”上，作为“门梁”。三石塔的每块巨石都重达 50 吨。

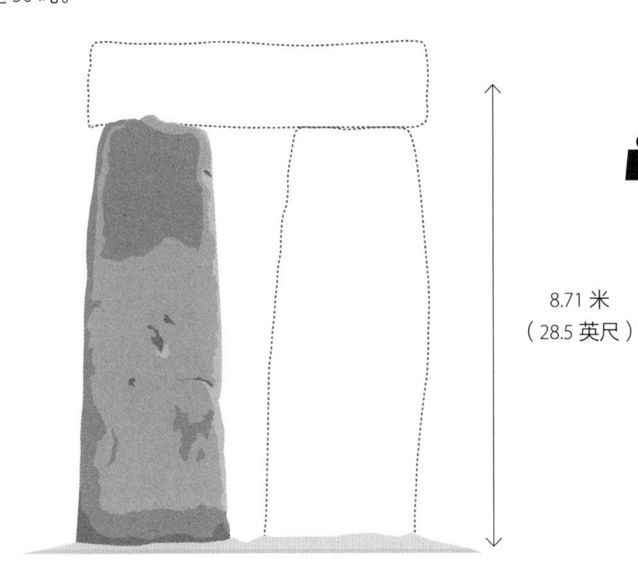

踵石

这块石头重约 35 吨，它位于石圈外围、距离圆心 77.4 英尺的位置上。

有传说称，魔鬼用一块石头砸中了对手的脚后跟，那块石头一直留在了原地，它就是“踵石”。

4.7 米
（15.4 英尺）

1.2 米
（3.9 英尺）

56 号石

56 号石是大三石塔中直立的一个，它是巨石阵内最高的巨石，其地上部分的高度就已经达到了 6.7 米（22 英尺），地下部分还有 2.4 米（7.9 英尺）。

祭坛之石

处于中央位置且可以被用作祭坛的巨石。

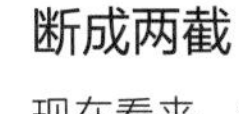

断成两截

现在看来，祭坛之石很有可能是被倒下的大三石塔的“门柱”砸成了两截。

三重三石塔

三重三石塔的状况非常好，它并不需要修缮。历史上，曾经有 30 个三石塔组成一个“三石塔圈”，围绕着巨石阵的中心位置；而如今三重三石塔的三个“门楣”部分，便是当时那个“三石塔圈”的一部分。

横梁

三重三石塔的三个“门楣”，重量在 4.5 吨至 6.5 吨之间，这个重量等级，与最重的陆地哺乳动物——非洲象——相差不多。

梵蒂冈城

亚平宁半岛，欧洲
建造时间：开始于公元 1 世纪

梵蒂冈城是一个独立的城邦，它位于意大利首都罗马境内。在梵蒂冈城的城墙范围以内，拥有很多蜚声世界的宗教、文化遗址，比如圣彼得大教堂，以及梵蒂冈博物馆。目前，世界上最著名的一部分艺术品，都被保存在梵蒂冈城内的宗教、文化遗址当中。

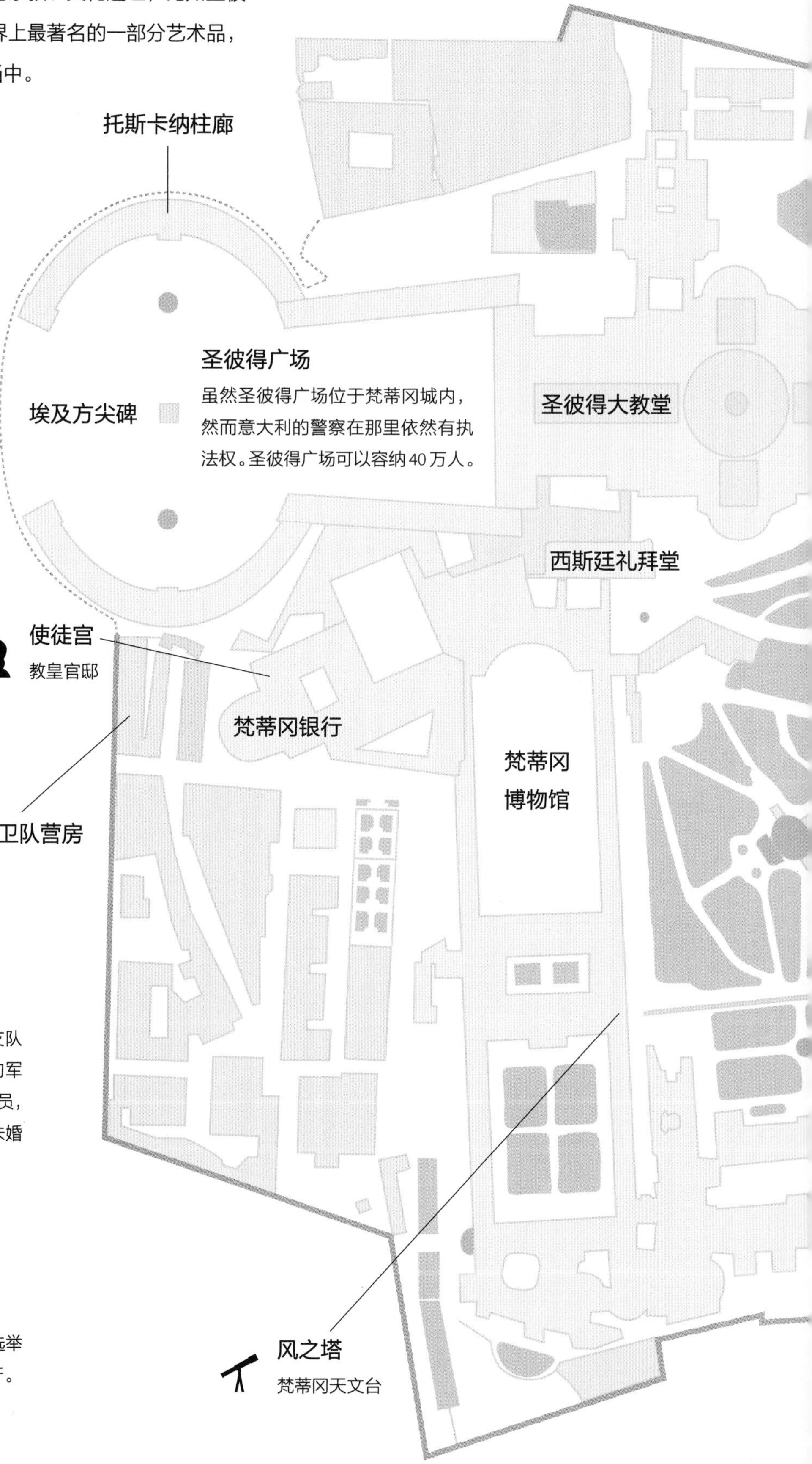

托斯卡纳柱廊

圣彼得

梵蒂冈城内的圣彼得广场、圣彼得大教堂的名字，都来自于耶稣十二门徒之一的圣彼得。此外，圣彼得也是第一位教皇。

圣彼得广场

虽然圣彼得广场位于梵蒂冈城内，然而意大利的警察在那里依然有执法权。圣彼得广场可以容纳 40 万人。

埃及方尖碑

圣彼得大教堂

西斯廷礼拜堂

使徒宫

教皇官邸

梵蒂冈银行

梵蒂冈博物馆

瑞士护卫队营房

瑞士护卫队

教皇的瑞士护卫队成立于 1506 年，这支队伍是依然存在并正常服役的最为古老的军队，其职责是保护教皇。瑞士护卫队的成员，必须是年龄在 19 至 30 岁之间，且处于未婚状态的瑞士籍男性天主教徒。

西斯廷礼拜堂

教皇主持召开的秘密会议以及红衣主教选举新教皇的会议，都会在西斯廷礼拜堂举行。

风之塔

梵蒂冈天文台

最小的国家

梵蒂冈是世界上最小的主权国家，其总人口只有 1000 人，面积仅有 44 公顷（108 英亩）。形象地说，梵蒂冈城的面积，还不到纽约中央公园的七分之一。

梵蒂冈博物馆

梵蒂冈博物馆是世界上参观人数第四多的博物馆。2017 年，总共有 600 万名游客前往梵蒂冈博物馆参观游览。

在中世纪，人们认为恺撒的骨灰藏在方尖碑上的镀金球里面。

25.5 米
（83.5 英尺）

埃及方尖碑

埃及方尖碑，是梵蒂冈城内自罗马时期以来唯一没有倒塌过的方尖碑。

公元 37 年，埃及方尖碑从埃及的亚历山大迁移到了梵蒂冈城。

罗马市中心拥有 13 座真正意义上的方尖碑，该座城市是世界上拥有方尖碑最多的城市。

托斯卡纳柱廊

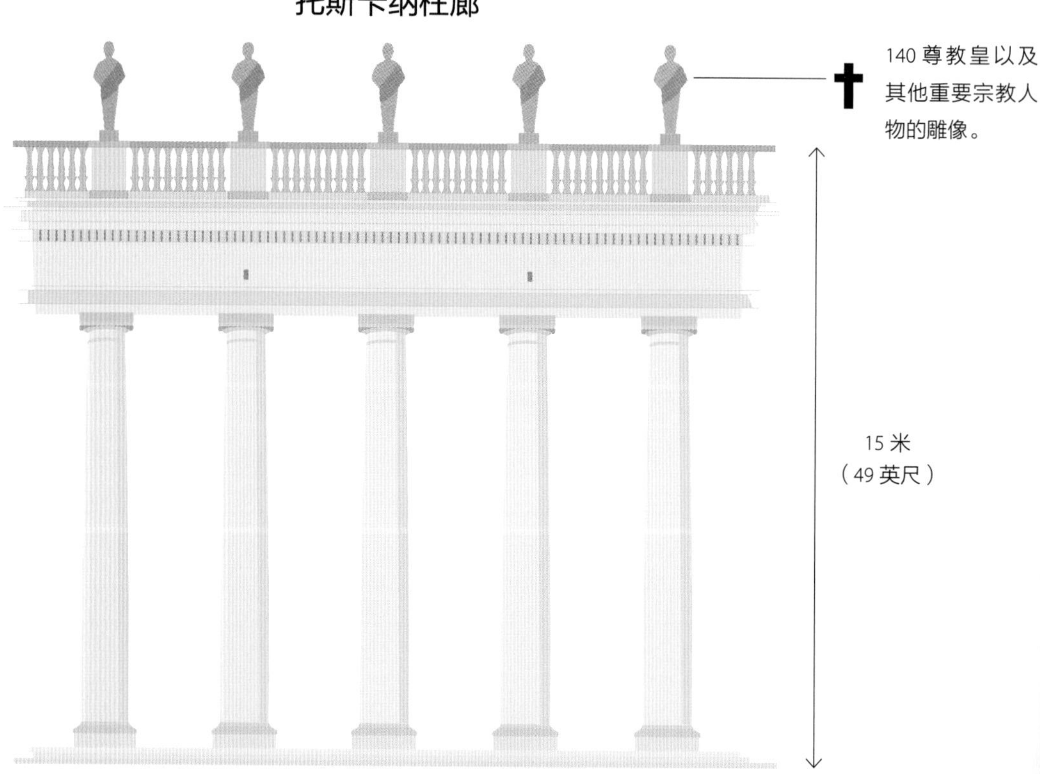

140 尊教皇以及其他重要宗教人物的雕像。

15 米
（49 英尺）

托斯卡纳柱廊环绕着圣彼得广场。

托斯卡纳柱廊是由 17 世纪的意大利建筑师贝尼尼设计的。

正如建筑师贝尼尼所说的那样，托斯卡纳柱廊形成了一个前端带有缝隙的椭圆，这样的设计所营造出的氛围，令参观者感觉到自己“仿佛置身于教堂母亲般的怀抱当中”。

圣彼得大教堂

按照内部面积来排名，圣彼得大教堂是世界上最大的教堂，其内部面积达到了 15160 平方米（163181 平方英尺）。

不道德的融资

为了修建圣彼得大教堂，16 世纪初的教皇利奥十世以贩卖“赎罪券”的方式来筹措建设资金。所谓“赎罪券”，指的是当时罗马天主教会宣扬的“破财减（免）罪”。

并非主教教堂

虽然圣彼得大教堂并非主教座堂，然而它依然是最为神圣的天主教圣地之一。

建筑师

8 位建筑师参与了圣彼得大教堂的设计工作。

圣彼得大教堂是世界上最高的圆顶建筑，此外它也是罗马第二高的建筑物。

136.6 米（448 英尺）

圣彼得之死

基督教传统认为，圣彼得就是在现如今圣彼得大教堂所在的位置被钉上了十字架。随后，圣彼得的遗体被埋葬在了高祭坛的正下方。

坟墓

圣彼得大教堂内有 100 多座坟墓，有 91 位教皇的遗体都被掩埋在了那里。

米开朗基罗

米开朗基罗是人类历史上最伟大的艺术家之一，他也是圣彼得大教堂的主要设计师。实际上，当年米开朗基罗是被迫接受的这项设计工作，因为其他候选设计师要么断然拒绝，要么去世。

亚历山大图书馆是互联网
档案的第一个外部备份点。

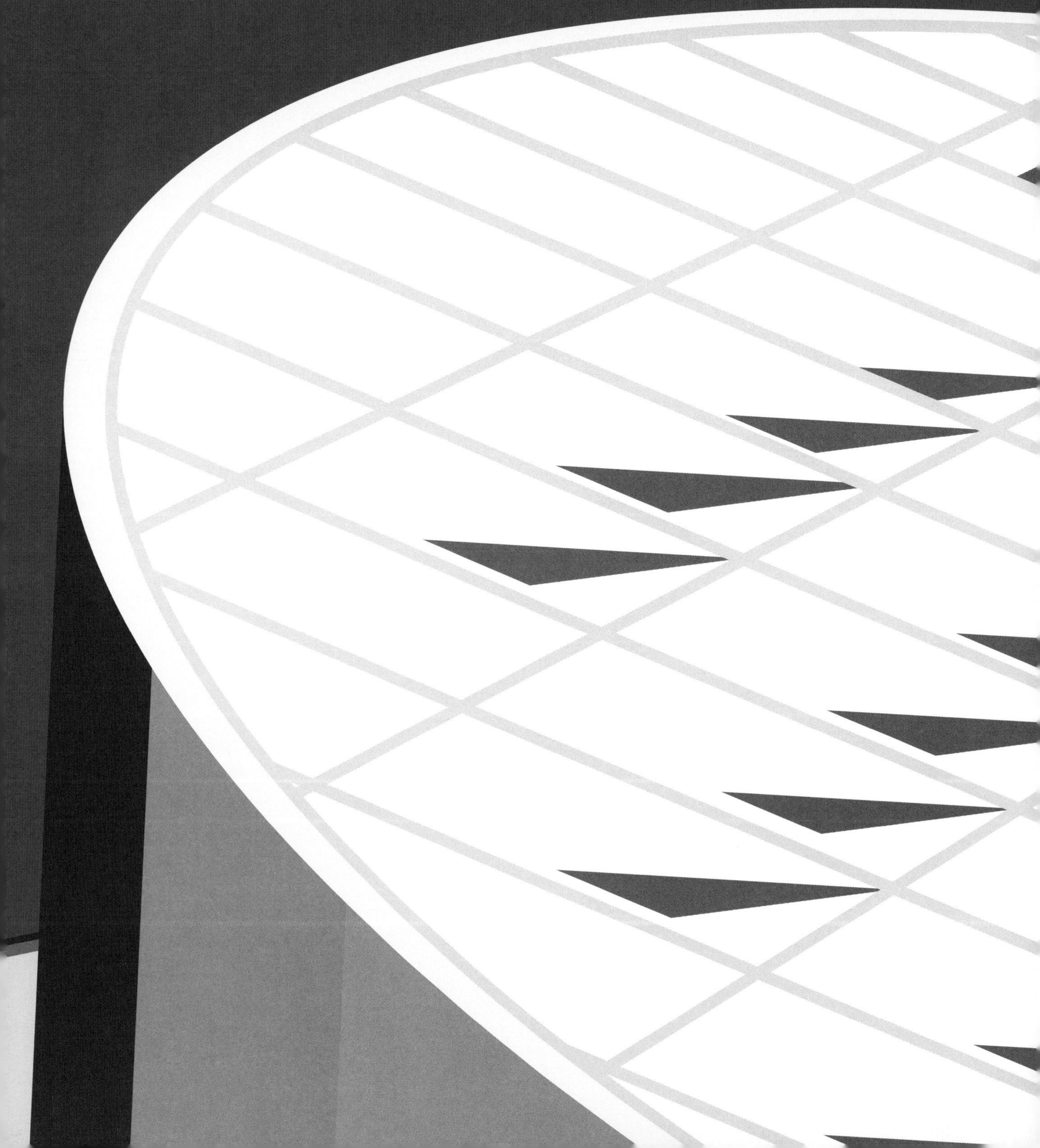

非 洲

吉萨大金字塔

吉萨，埃及
建造历时：70 年（公元前 2580 年—公元前 2510 年）

坐落于埃及北部城市吉萨的大金字塔，是埃及历史最为悠久、规模最大的金字塔。在埃及，金字塔是人们为法老建造的坟墓，其建造周期通常为 20 年左右。每年大约有 1000 万名游客前往吉萨大金字塔进行观光游览。

埃及总共有多少座金字塔?

在埃及，总共有 118 座金字塔。

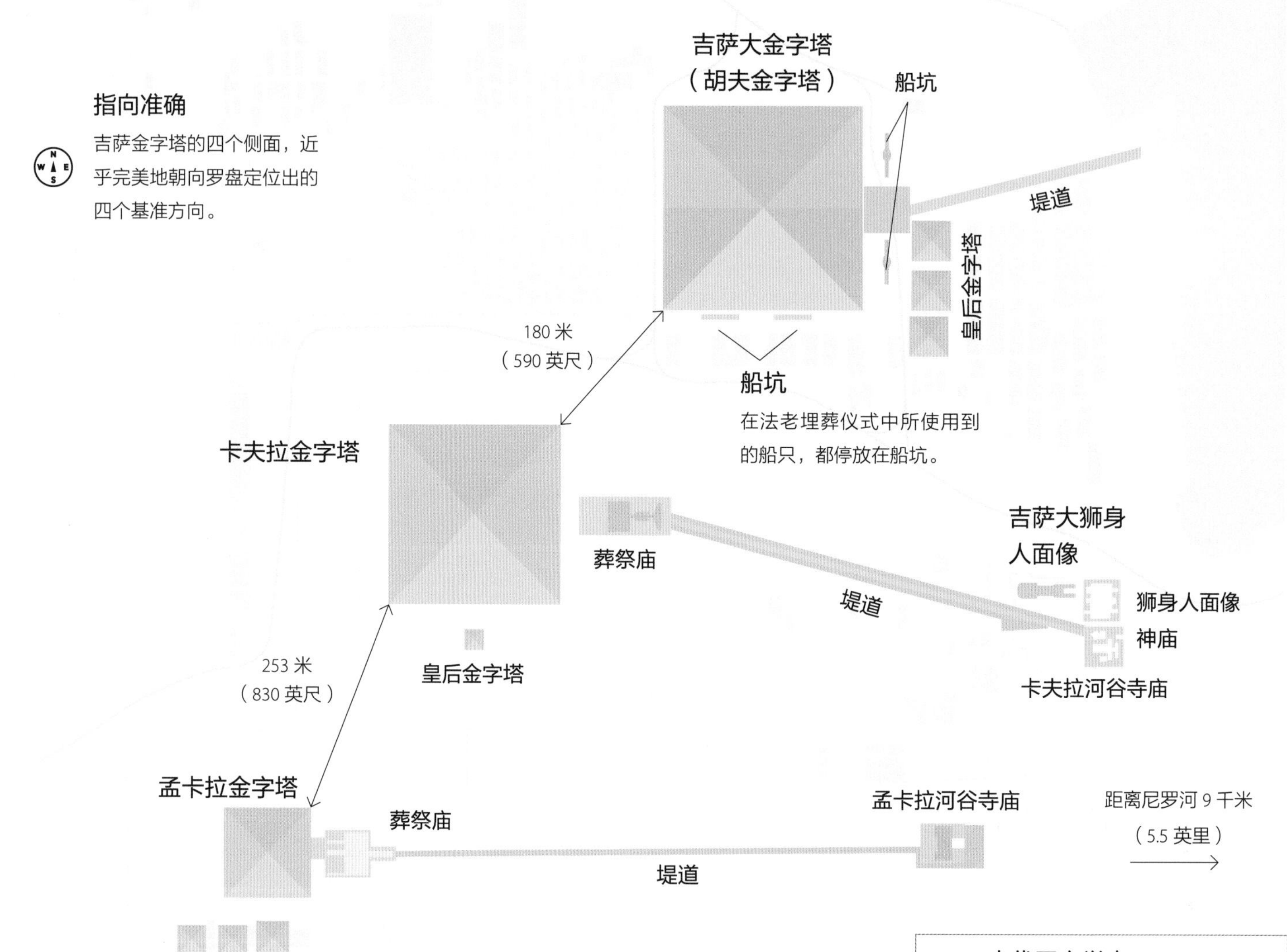

指向准确

吉萨金字塔的四个侧面，近乎完美地朝向罗盘定位出的四个基准方向。

船坑

在法老埋葬仪式中所使用到的船只，都停放在船坑。

皇后金字塔

皇后金字塔是法老妻子的埋葬之地。

古代天文学家

一部分研究人员声称，排列成一排的这三座金字塔，代表着夜空中猎户星座“腰带”位置上的几颗恒星。

险遭拆毁

在 12 世纪，埃及阿尤布王朝的苏丹一度计划拆除金字塔，然而令他郁闷的是，拆除金字塔所需的费用，几乎与当初建成它们时一样惊人。

日落

金字塔修建在尼罗河西岸——即太阳落下的那一侧。在埃及神话中，这是国王去世的象征。

吉萨大金字塔（胡夫金字塔）

吉萨大金字塔是吉萨地区历史最为悠久、规模最大的金字塔，它是法老胡夫的陵墓。在公元前 2589 年至公元前 2566 年间，胡夫统治着古代埃及。

令人咋舌的质量

据估计，吉萨大金字塔的质量约为 590 万吨，它几乎要比世界上最重的建筑——位于布加勒斯特的罗马尼亚议会宫多出了将近 200 万吨。

最高的建筑

在长达 3800 年的漫长岁月中，高达 146.7 米（481.2 英尺）的吉萨大金字塔，一直是世界上最高的建筑物。直到 1311 年，新落成的林肯大教堂（160 米，525 英尺）的高度，才正式超过了吉萨大金字塔。目前，吉萨大金字塔的高度为 138.8 米（455.3 英尺）。

通过运用渺子（μ 子）层析成像技术，科研工作者于 2017 年在吉萨大金字塔内部发现了一些神秘、巨大且难以接近的空洞。

被盗的石灰石

最初，吉萨大金字塔的表面被经过抛光的白色石灰石所覆盖。然而到了 1356 年，为了兴建清真寺以及防御工事，人们将吉萨大金字塔表面的石灰石偷盗一空。

疑似通风井

138.8 米（455.3 英尺）。最初为 146.7 米（481.2 英尺）。

大画廊

国王墓室

8.6 米（28.2 英尺）

皇后墓室

入口

用途不明且施工未完成的房间

七大奇迹

吉萨大金字塔是古代世界七大奇迹中最为古老的一个；值得一提的是，它也是唯一现存的古代世界七大奇迹。

50 亿美元

据估计，如果今时今日人类重建吉萨大金字塔，造价将高达 50 亿美元。

用工人数

为了建造吉萨大金字塔，在超过 20 年的修建过程中，平均每天需要 1.45 万个劳动力；至于用工人数的单日峰值，则达到了令人惊讶的 4 万个劳动力。

水平的底座

修建吉萨大金字塔，需要一个水平程度极高的底座。为了达到这一要求，古代埃及劳动者先将修建地点用墙壁围起来，随后向其中注入水。在那之后，工人们“削平”那些露出水面的墙体部分，然后排出一部分水以降低水位，接下来再“削平”露出水面的墙体部分，如此循环往复。

以水断石

为了切开修建吉萨大金字塔所用到的巨石，工人们先是在石料表面钻一个孔洞，尔后将木料塞入其中，并将它们一起浸泡在水中。木料遇水后开始膨胀，随着时间的推移，膨胀到足够程度的木料便将巨石分开了。

孟卡拉金字塔

孟卡拉金字塔的主人，很有可能是卡夫拉法老的儿子。

12 世纪，有人曾经试图毁掉孟卡拉金字塔，该建筑的外侧也因此而留下了被破坏的痕迹。

孟卡拉金字塔高 61 米（200 英尺），在吉萨的三座金字塔当中，它是最矮的一个。

丢失的石棺

1883 年，一艘开往英国的轮船在西班牙沿岸沉没，而一个发现于孟卡拉金字塔的精美石棺，也在那次海难中丢失了。

卡夫拉金字塔

卡夫拉金字塔是法老卡夫拉的坟墓，他在 4500 年以前统治着古代埃及。

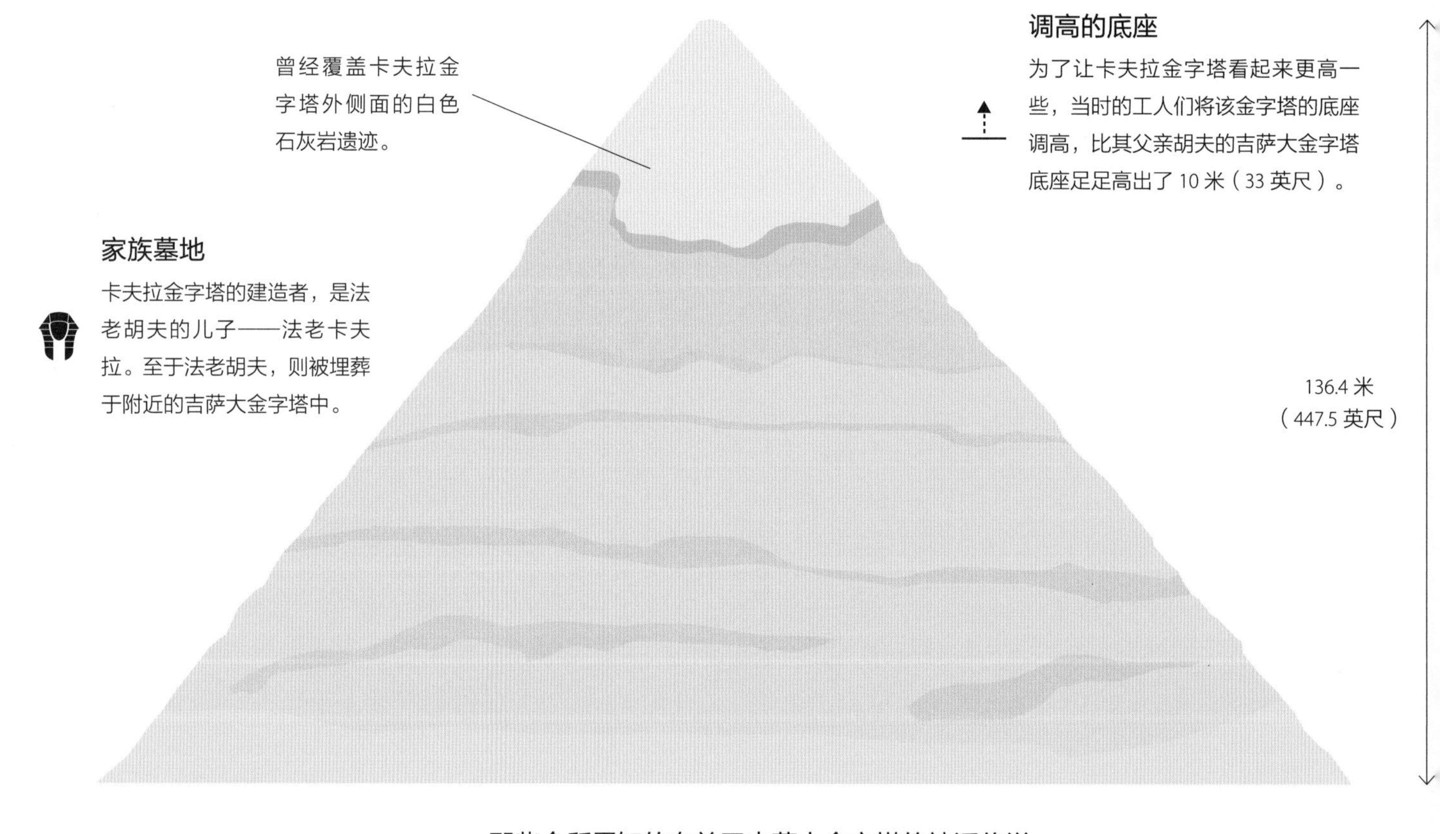

调高的底座

为了让卡夫拉金字塔看起来更高一些，当时的工人们将该金字塔的底座调高，比其父亲胡夫的吉萨大金字塔底座足足高出了 10 米（33 英尺）。

家族墓地

卡夫拉金字塔的建造者，是法老胡夫的儿子——法老卡夫拉。至于法老胡夫，则被埋葬于附近的吉萨大金字塔中。

那些众所周知的有关于吉萨大金字塔的神话传说

被储存在金字塔内部的食物，不会变质、腐败。

吉萨大金字塔位于地球陆地的中心位置。

吉萨大金字塔的高度，与地球到太阳之间的距离有密切的关系。

吉萨大金字塔的底部周长除以 100，刚好等于一年中的天数。

吉萨大狮身人面像

狮身人面像是一类雕像的统称，其主角是一种神话传说中的动物，它通常被塑造成为一头拥有人（或者鸟）的头颅的狮子。

名字的由来

“狮身人面像”来自于阿拉伯词语“Sphinx”，其本意为“可怕的事物”或者是“恐惧之父”。

遗失的鼻子

曾经有一种说法，是拿破仑麾下军队的炮弹毁掉了狮身人面像的鼻子。不过这种说法显然是不真实的，因为在一幅创作于 1757 年的素描作品中，狮身人面像就已经没有鼻子了。

狮身人面像的面部

极有可能是法老卡夫拉的样子。

消失的胡须

20 米（65 英尺）

在 1925 年被挖掘出而重见天日之前，狮身人面像一直被掩埋在沙子当中。

73 米（239 英尺）

待解之谜

?

时至今日，人们依然没有发现过任何描述狮身人面像用途的文献、资料，也没有发现过其建造细节的铭文和史料。

狮身人面像的材质

狮身人面像是用石灰岩雕刻而成的。有人猜测认为，那块石头本来应该是被用来建造附近的金字塔的。

精准的朝向

狮身人面像面朝正东方向。

颜料

在狮身人面像上，人们发现了红色、黄色以及蓝色颜料的痕迹，这一事实让一部分人相信，狮身人面像曾经被染上过颜色。

修复

狮身人面像的表面已经被侵蚀得非常严重，为此埃及政府已经启动了对其的修复工程。

苏伊士运河

埃及

建造历时：10 年（1859 年—1869 年）

苏伊士运河堪称是全世界最为重要的水路通道之一，从某种程度上来说，它的出现彻底改变了人类海上运输的历史和发展轨迹。苏伊士运河全长 193.30 千米（120.11 英里），横穿西奈半岛，并且将地中海与红海连接在了一起，它的出现，将之前那些最为繁忙的海上贸易路线缩短了数千千米。数据显示，全球 8% 左右的海上贸易业务，其船队都要通过苏伊士运河。

相关数据

长度：193.30 千米（最初为 164 千米）

船舶最大吃水深度：20.1 米（69.2 英尺）

船舶最大型宽：50 米（164 英尺）

最大深度：24 米（78 英尺）

允许最大载重吨位：20 万吨

地中海

世界第五大海洋。

捷径

苏伊士运河的出现，将从伦敦到阿拉伯海的海上距离，整整缩短了 8900 千米（5500 英里）。

穆巴拉克和平桥

穆巴拉克和平桥是一座连接着亚洲和非洲的公路桥梁，它也是苏伊士运河上唯一的永久性通道。穆巴拉克和平桥的桥下净空高度达到了 70 米（230 英尺），这使得再大的船只也能从它下方通过。

赛得港

赛得港是一座城市，它建成于 1859 年，那也正是苏伊士运河开始修建的年份。在苏伊士运河所带来的巨大贸易利益的助推之下，赛得港逐渐发展成为目前这样一个拥有超过 60 万人口的城市。

阿尔 – 坎塔拉

交通数据

2017 年，总共有 17550 艘船只通过了苏伊士运河，其中有 1932 艘是没有运载任何货物的空船。

伊斯梅里亚

伊斯梅里亚建成于 1863 年，这又是一座在苏伊士运河修造期间建立起来的埃及城市。

价格战

为了争夺客户，苏伊士运河与巴拿马运河大打价格战，为此他们争相为大型油轮提供折扣。

提姆萨赫湖

提姆萨赫湖又称鳄鱼湖。在史前时代，这里是红海北延的终点。

《君士坦丁堡公约》

1888 年，各方共同签署了《君士坦丁堡公约》，该公约规定，无论一艘船只悬挂哪个国家的旗帜，它都可以在任何时期——无论是战争还是和平时期——通过苏伊士运河。

法老运河

法老运河是苏伊士运河的前身，它曾经将尼罗河与红海连接起来，其建造可能始于公元前 6 世纪。

无需船闸

苏伊士运河两端的海平面高度差非常小，因此该运河上不需要船闸。这一事实，使得苏伊士运河的建造过程，比巴拿马运河要更加容易。

西奈半岛

西奈半岛位于非洲、亚洲之间，该座“亚非大陆桥”历来都拥有极为重要的战略意义。也正是由于这个原因，历史上西奈半岛多次发生武装冲突。

收入

$ 2018 年，苏伊士运河的收入达到了 55.85 亿美元，这个数字创出了历史新高。

古老的灵感

包括古代埃及、波斯、威尼斯、奥斯曼帝国以及法国在内，历史上有很多国家都曾经产生过“将两个海洋连接在一起”的想法。

拿破仑的计划

1798 年，拿破仑对于在埃及兴建运河这一提议产生了强烈的兴趣。不过令人遗憾的是，当时有人告知拿破仑，他试图连接起来的两个海平面之间，存在 10 米（32 英尺）的高度差，这一错误的信息令法国大帝望峰息心。由于 10 米的海平面落差将大幅度增加兴建运河的成本，因此拿破仑最终放弃了他的计划。

苦湖

所有通过苏伊士运河的船只，都要经过苦湖。

大苦湖

在苏伊士运河完工之前，大苦湖所在位置是一个盆地状的干盐谷。

小苦湖

苏伊士运河危机（第二次中东战争）

在 1956 年以前，苏伊士运河的所有权归英国和法国共同所有，然而到了 1956 年，埃及将该运河实施了国有化。为了夺回苏伊士运河的所有权，以色列、英国、法国联军入侵西奈半岛，但最终迫于国际政治压力，三国联军只能撤军。

埃及经济

$ 今时今日，全世界各国船只通过苏伊士运河所缴纳的费用，在埃及全国经济收入当中占有相当大的比重。数据显示，苏伊士运河的收入，约占埃及名义国内生产总值的 2%。

苏伊士

苏伊士拥有大型的石化工厂和炼油厂，从波斯湾运出的石油，可以在苏伊士进行卸货，因此那里成为了一个极为重要的能源港口。也正是从苏伊士开始，石油将通过管道运输的方式输送到埃及国内的各个地区。

红海

红海是世界上最靠北的副热带海域，它的最高水温能够达到 22 摄氏度（71 华氏度）。这也使得红海成为世界上水温最高的海洋之一。

瓦尔扎扎特太阳能发电厂

瓦尔扎扎特，摩洛哥
建造历时：6 年（2013 年—2019 年）

在摩洛哥阿特拉斯山脉的高海拔地区，坐落着世界上最大的太阳能热电厂——瓦尔扎扎特太阳能发电厂。瓦尔扎扎特太阳能发电厂占地总面积为 2500 公顷（6177 英亩），它相当于 3500 个足球场那么大。为了成功建造瓦尔扎扎特太阳能发电厂，设计和施工团队克服了许多技术困难，才最终在高海拔沙漠地带创建了这种可持续的发展模式。

建造阶段

瓦尔扎扎特太阳能发电厂分四个阶段建造，分别为 1 号机组、2 号机组、3 号机组以及 4 号机组。

世界最大

瓦尔扎扎特太阳能发电厂是世界上发电量最大的太阳能集中发电厂。

太阳能发电塔

这座中央太阳能发电塔的高度达到了 250 米（820 英尺）。

反射镜

在瓦尔扎扎特太阳能发电厂，7400 面反射镜以同心圆的方式排列，以反射中心塔方向射来的光线。

3 号机组

反射镜排列在太阳能发电塔的周围，将阳光聚焦在塔顶的集热器上。集热器中的液体被加热，产生蒸汽，并且驱动涡轮机发电。3 号机组的装机容量为 150 兆瓦。

建设成本

据估计，瓦尔扎扎特太阳能发电厂的总建设成本约为 90 亿美元。

名字的由来

瓦尔扎扎特太阳能发电厂又名“Noor 发电厂”。“Noor”是阿拉伯文，意思为“光”。

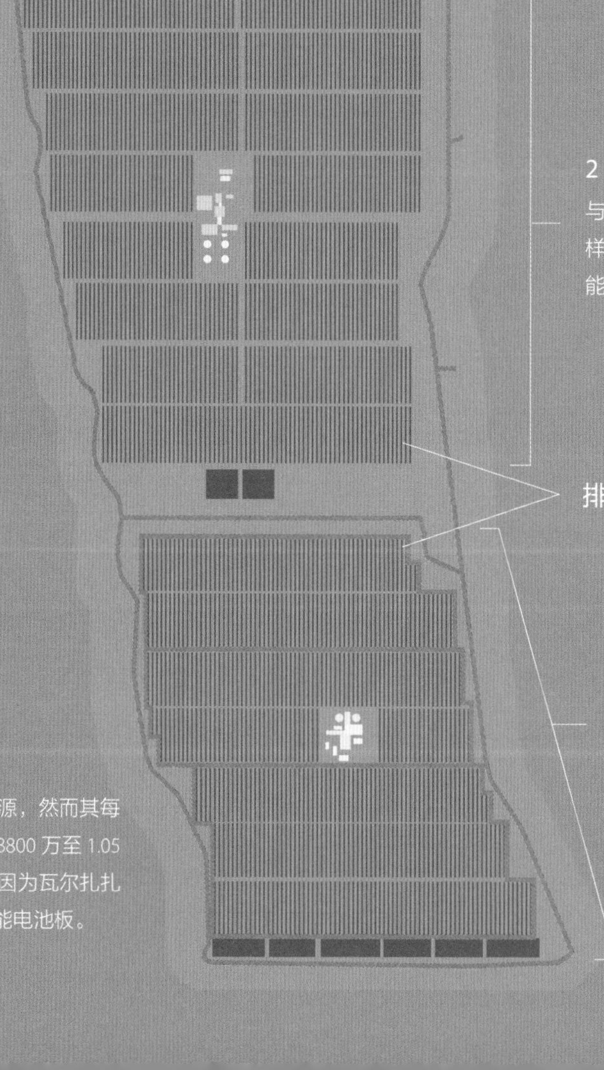

2 号机组

与 1 号机组类似的是，2 号机组同样运用抛物线状的沟槽来作为太阳能集热器，其装机容量为 200 兆瓦。

发电量

瓦尔扎扎特太阳能发电厂的装机容量为 580 兆瓦，它可以满足摩洛哥全国 5% 的用电量。

排列有序的太阳能集热器

熔化的盐

瓦尔扎扎特太阳能发电厂通过加热熔盐的方式来储存多余的太阳能。这也就意味着，即便是在夜间，该发电厂同样也能够发电。

1 号机组

1 号机组的装机容量为 160 兆瓦。

耗水量

尽管瓦尔扎扎特太阳能发电厂产生的是可再生能源，然而其每年的耗水量依然达到了 250 万至 300 万立方米（8800 万至 1.05 亿立方英尺）。之所以会有如此高的耗水量，是因为瓦尔扎扎特太阳能发电厂需要用水来清洗反射镜以及太阳能电池板。

亚历山大图书馆

亚历山大，埃及

建造历时：7 年（1995 年—2002 年）

毫无疑问，亚历山大图书馆是一个无比伟大的文化成就。它包括六个专业图书馆、一个会议中心，以及能够容纳 800 万册图书的巨大空间。埃及方面兴建亚历山大图书馆的目的，是为了纪念传说中早已消失的古埃及亚历山大图书馆。毋庸置疑的是，新亚历山大图书馆的建成，让埃及拥有了一个全新的学习和研究中心。

亚历山大

亚历山大城建成于公元前 331 年，它是由亚历山大帝国的亚历山大大帝一手缔造的。目前，亚历山大市是埃及的第二大城市，该市拥有 520 万人口。值得一提的是，古代世界七大奇迹之一的亚历山大灯塔，就曾经矗立在这座城市。

古埃及亚历山大图书馆

相传，古埃及亚历山大图书馆是古代世界规模最大的图书馆，馆内所藏图书、物品多达 70 万件。公元前 3 世纪，当时的埃及托勒密王朝的统治者托勒密一世建成了古埃及亚历山大图书馆。

墙壁

在亚历山大图书馆的墙壁上，覆盖有超过 6000 块花岗岩石板，石板上雕刻有 120 种不同文字的字母。

“象形建筑”

亚历山大图书馆的外观设计，受到了地中海日出的启发。

古埃及亚历山大图书馆的毁灭

相传，在公元前 48 年罗马内战期间，尤利乌斯 · 恺撒纵火不慎，意外地将古埃及亚历山大图书馆付之一炬。

会议中心

内部结构

亚历山大图书馆的主阅览室总共有 11 层，无数图书被整齐地摆放于其中。具体来说，越是历史悠久的图书，其所在的楼层越低；而出版时间越晚的图书，所在的楼层越高。

所处位置

亚历山大图书馆的馆址，非常靠近传说中古埃及亚历山大图书馆的遗址。值得一提的是，亚历山大图书馆距离地中海仅有 40 米（131 英尺）。

建造成本

据估计，亚历山大图书馆的建设成本，达到了 2 亿美元。

设计藏书量

亚历山大图书馆的设计藏书量达到了 800 万册。

线上备份

亚历山大图书馆是互联网档案的第一个外部备份点。

相关设施

亚历山大图书馆设施全面，其中包括一个天文馆、四个博物馆、四个美术馆、地图室以及一个修复实验室，等等。

杰内大清真寺

杰内，马里

建造时间：约 13 世纪（重建于 1906 年—1907 年）

杰内大清真寺拥有风格极为独特的黏土材质的墙壁、塔楼以及柱子，它堪称是非洲最具标志性的建筑物之一。杰内大清真寺位于马里的杰内市，15 世纪至 17 世纪，这座城市曾经是一个非常重要的贸易中心。当年，横穿撒哈拉沙漠的富庶商队，运送着食盐、黄金、奴隶等来到杰内，那时该座城市也是伊斯兰世界重要的学术中心之一。

被大规模使用的黏土

杰内大清真寺是世界上规模最大的黏土－砖结构建筑。

持之以恒的修缮

每一年，杰内当地民众都会组织一个修缮节，一队队的工人们填补墙体上的裂缝，修补墙壁外侧的灰泥。他们之所以这么做，是为了让杰内大清真寺能够以最好的状态迎接一年一度的雨季。

重建

自从 13 世纪以来，杰内大清真寺始终矗立在那里。1906 年，当时的执政者决定重建这座清真寺。不过，今天我们已经无法得知重建设计方案与原设计方案之间的相似程度。

危险的选址

每一年，杰内大清真寺都会面临被洪水侵袭、甚至是破坏的风险。这是因为，该座大清真寺位于饱受巴尼河洪水肆虐的平原上。巴尼河长约 1100 千米（683 英里），它是尼日尔河最主要的支流之一。

贫瘠的国度

马里是世界上最贫穷的国家之一，该国的生育率高居全球第四位，婴儿死亡率位列世界第七。目前，该国有 47% 的人口都在 14 岁以下。

中央塔楼

排水系统

安置于屋顶、并且伸出墙体外边缘的凹型陶瓷排水通道，能够将雨水排到屋顶的边缘之外，这样一来，雨水就不会顺着墙壁流下去，也就不会毁坏黏土墙壁了。

建筑材料

杰内大清真寺的外墙，是用一种特制的砖块建成的。这种砖块由经太阳烘烤的黏土制成，其表面还覆盖了一层石膏，以便令其外表更加光滑。

重建于平台之上

重建之后，杰内大清真寺位于一个 3 米（10 英尺）高的平台之上。这样一来，即便是在河水泛滥时，大清真寺也不会出现问题。

大清真寺原址

在杰内大清真寺修建之前，那片区域上矗立的是苏丹库布鲁的宫殿。而在库布鲁皈依伊斯兰教之后，他下令拆除了之前的宫殿，并且修建了杰内大清真寺。

鸟类的家园

在 20 世纪初重建之前，杰内大清真寺内曾经是成千上万只燕子的美好家园。

首次见诸史料

1828 年，在一份欧洲出版物当中，首次描述了杰内大清真寺。当时，人们注意到了该座伟大建筑的惊人规模，同时也意识到了其每况愈下的糟糕状况。

世界遗产

1988 年，囊括杰内大清真寺在内的杰内古城被联合国教科文组织列入了世界遗产名录。

建筑风格

在世人看来，13 世纪之后发展起来的苏丹风格建筑中，杰内大清真寺无疑是最伟大的一个。

祈祷

今时今日，伊玛目（伊斯兰领拜人）依然在中央塔楼里引领着祈祷者们进行祈祷。

反对现代化改造

杰内民众反对对大清真寺进行任何现代化的改造，他们希望保持其历史的传承和完整性。

1 米（3 英尺）厚的墙壁。

集市

每周，杰内民众都会在大清真寺前的广场上举办一次集市。

历史的传承

杰内大清真寺以马里所特有的盾形纹章为特色。

面朝东方

杰内大清真寺的祈祷之墙朝向东方，那里也正是圣地麦加的方向。

四座尖塔的塔顶稍稍向远离泰姬陵的一侧倾斜，这样一来，即便是有地震发生，倒塌的尖塔也不会伤害到泰姬陵。

亚 洲

吴哥窟

暹粒，柬埔寨
建造时间：12 世纪

吴哥窟是世界上最大的宗教建筑，同时它也是世界上最美丽、在工程技术层面上给世人留下最深印象的古迹之一。吴哥窟寺庙建筑群所处的位置，曾经属于一个繁荣的城市，当时该座城市统治着一个庞大且富足的帝国。毫无疑问，吴哥窟是人类历史上最为伟大的建筑奇迹之一，据估计，当年要完成开采石材、运输物料、雕刻以及建造等一系列的工程，需要数千名工匠连续工作 30 年之久。

1992 年，联合国教科文组织将吴哥遗迹列入了世界遗产名录，而吴哥窟是其重要组成部分。

吴哥王城

吴哥王城曾经是高棉帝国的首都，1010 年至 1220 年间，高棉帝国曾经统治着柬埔寨。在其鼎盛时期，吴哥王城的规模要比现代的法国首都巴黎还要大。

名字的由来

在柬埔寨语中，“Angkor Wat（吴哥窟）”的意思是“寺庙之城”。

世界最大

吴哥窟占地总面积达到了 162.6 公顷（401 英亩），该座柬埔寨寺庙也因此而成为世界上最大的宗教建筑。

象征意义

吴哥窟外围的城墙和护城河，象征着须弥山周围的海洋和山脉。

护城河

200 米（656 英尺）宽

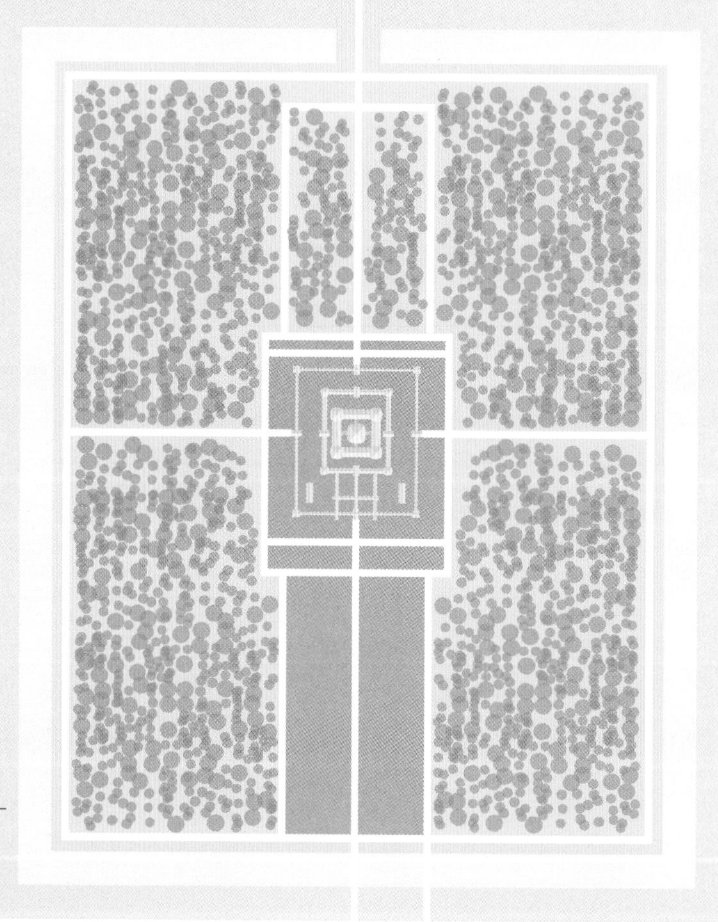

高棉帝国

高棉帝国是一个信仰印度教、佛教的帝国，它曾经统治着东南亚的大部分地区。

水城

吴哥王城拥有一个由护城河、运河、灌溉池所共同组成的水利网络，这在当时是非常先进的。

水运石材

建造吴哥窟所使用的石材，是从 40 千米（25 英里）以外开采的，当时的工匠通过运河将那些巨大的石材运输到施工地点。

面向西方

与其他高棉寺庙不同的是，吴哥窟的正门朝向西方。据专家推测，这一朝向或许反映了当时的吴哥王城民众对于毗湿奴的敬畏和崇拜。

神殿

与以往的高棉寺庙不同的是，吴哥窟并非是献给高棉帝国的国王，而是祭祀印度教主神之一的毗湿奴。

吴哥宋干节

在柬埔寨，吴哥宋干节是一个大型节日。每年四月，吴哥窟遗址都会庆祝吴哥宋干节，以迎接柬历新年的到来。

旅游胜地

前往柬埔寨旅行的各国游客当中，有超过 50% 的人都会前往吴哥窟。

国家和民族的象征

在柬埔寨国旗上，那个白色的寺庙便是吴哥窟。

须弥山

须弥山是一座神圣的印度教神山，而吴哥窟则代表着须弥山。在吴哥窟中央，呈五角形排布的五座宝塔，象征着须弥山的五座山峰。

中央神塔

吴哥窟的中央神塔塔高65米，它被认为是一个神殿。

吴哥窟的建筑风格

吴哥窟是一座典型的古代高棉风格建筑。

砂岩

吴哥窟由500万至1000万块巨大的砂岩建造而成，每块砂岩重约1.5吨。

陡峭的楼梯

吴哥窟内部的某些楼梯，以惊人的70度斜率旋转向上，这一类陡峭的楼梯，代表着“升天的阶梯”。

五座宝塔

吴哥窟内五座宝塔的排列方式，酷似一朵朵莲花。

浮雕

在吴哥窟内，几乎每一面墙上都雕刻着复杂的浮雕，那些浮雕描绘了很多神话故事以及皇室生活的场景。

第三层

只有国王以及等级最高的僧侣才有资格进入第三层。

第二层

在第二层的墙壁上，装饰有1500多幅飞天舞者的浮雕。

和谐

这座建筑最鲜明的风格特点，是各种元素、布局以及比例的完美平衡。

第一层

这个区域对普通公众开放。

下沉

为了满足日益增长的当地人口以及各国游客的生活需求，柬埔寨当地地下水的开采量与日俱增，这直接导致了吴哥窟有下沉的风险。

信仰的变迁

最初，吴哥窟是一座印度教寺庙。然而在该宗教建筑群建成的几百年之后，它又被改造成为了一座佛教寺庙。

长城

中国

建造历时：公元前 7 世纪—16 世纪（主要建造年代）

长城是我们这个星球上最长的建筑物，同时它也是历史上最为令人血脉偾张的建筑壮举之一。长城的用途是作为古代中国的防御工事，它在中国北方边界上盘旋、绵延了数千千米。为了抵御北方游牧民族的入侵，中国历史上许多朝代的统治者都曾经修建过长城。

停止大规模建造

清王朝统一中国之后，大清帝国的疆域向北拓展，长城所在的区域被囊括在国家版图之中。因此，后来的统治者就没有必要再大规模修建长城了。

- 明长城
- 其他朝代修建的长城

明长城

现存的大部分长城都建于明代（1368 年—1644 年），这部分防御工事长达 8850 千米（5500 英里）。

消失的城墙

在明朝时期修建的长城中，大约有 22% 的部分已经彻底消失。

齐长城

齐长城是现存长城中最为古老的一部分，它始建于公元前 7 世纪。

破坏

长城中的部分热门旅游景点已经被修缮过了。然而在许多偏远的地区，长城的城砖被大量盗走；此外，很多地方的长城，还遭到了破坏。

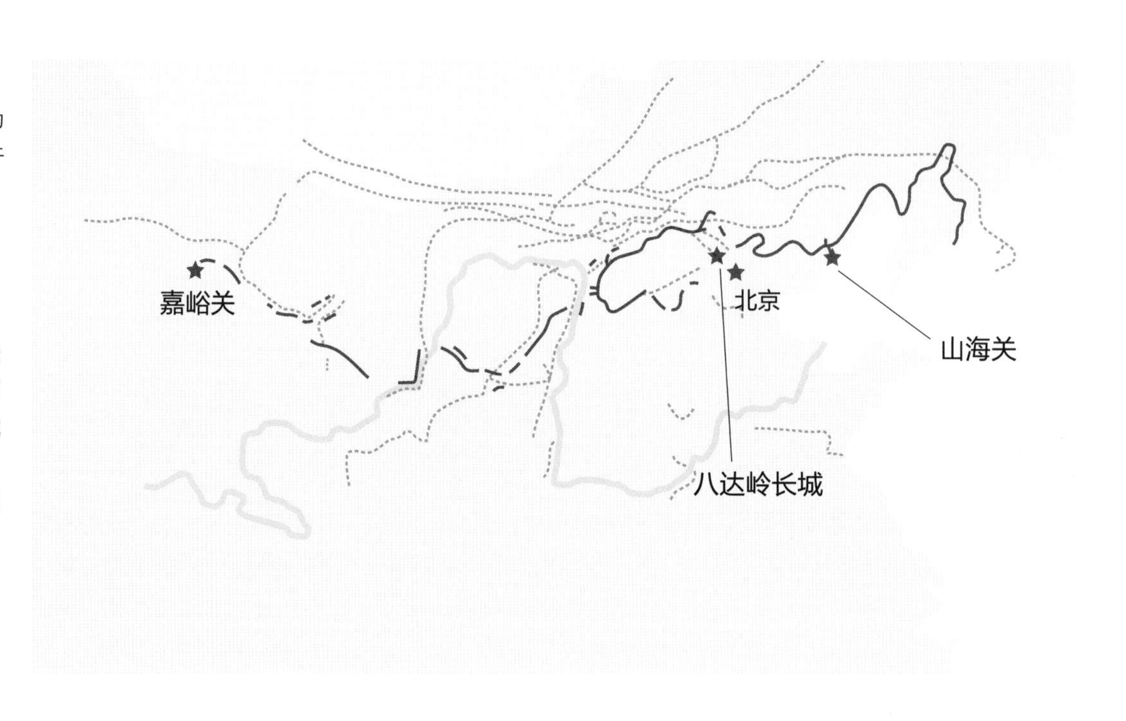

近地轨道可见的地球建筑

美国国家航空航天局明确表示，在太空中的近地轨道（距离地面 160 千米，约合 99 英里）上，可以看见长城。当然，美国宇航员强调指出，只有在某些条件绝对完美的特殊时刻，他们才能看见长城。

长城的长度

2012 年的一项考古研究发现，长城所有部分的总长度为 21196 千米（13170 英里），这个长度已经超过了地球赤道长度的一半。

防御功能

为了保护中国北部地区免受草原游牧民族入侵，中国历史上许多朝代的统治者才坚持不懈地修建长城。

月球上可见的建筑？

这是世界上流传最为广泛的传说之一，该说法甚至可以追溯到遥远的 1754 年，当时就有人放言称，从月球上可以看到长城。不过客观地说，这种可能性微乎其微，因为长城虽然很长，但是毕竟宽度太窄。从月球上看到长城，几乎相当于从 3 千米（1.8 英里）之外清晰地看到一个人的某根头发丝。

长城马拉松

长城马拉松无疑是世界上最具挑战性的马拉松之一，因为其全程要经过 2 万多级石头台阶，同时坡度、海拔高度也在不断改变。

欧洲首秀

1563 年，葡萄牙历史学家若奥 · 德 · 巴罗斯在其著作《亚洲旬志》当中，描述了中国的长城。那也是欧洲人第一次听说，在遥远的东方存在着这样一座伟大的建筑。

无耻的假新闻

1899 年，有一则假新闻声称，美国公司与清政府签署了拆除长城的合同，在那之后他们将在长城旧址上修建一条道路。

嘉峪关

嘉峪关是明长城最西边的终点，当年那里也是一个重要的防御要塞。

入侵的威胁

嘉峪关建于 1372 年前后。当时明王朝之所以会修建嘉峪关，最重要的目的是防止来自于中亚帖木儿帝国的入侵。然而令人意外的是，在率军东征中国的途中，帖木儿撒手人寰。

城砖

有传说称，为了兴建嘉峪关，明王朝总共使用了 99999 块城砖。此外，建造者还象征性地将最后一块城砖放在了嘉峪关的一座城门上。

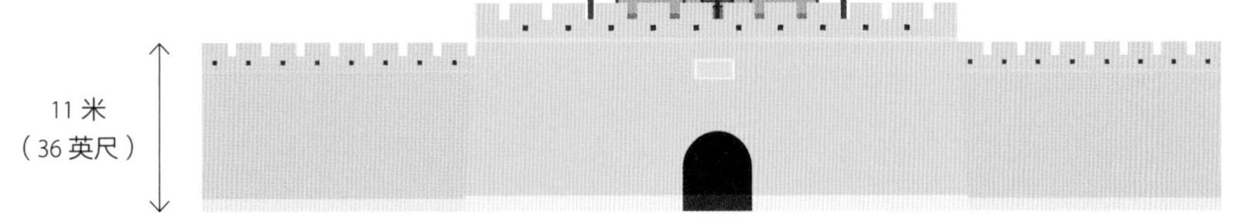

11 米
（36 英尺）

夯土质关隘

与其附近城墙相似的是，嘉峪关的一部分也是由夯土建造而成的。

山海关

山海关是明长城的东北关隘之一，在那里长城与大海相连接。

拱卫京师

山海关距离沈阳、北京都很近，这两座城市曾经先后成为清王朝的都城。

山海关之战

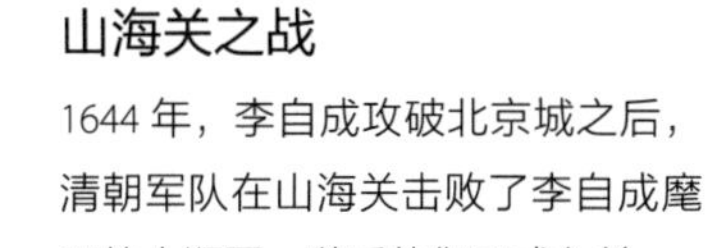

1644 年，李自成攻破北京城之后，清朝军队在山海关击败了李自成麾下的大顺军，随后他们正式入关。

14 米
（46 英尺）

八达岭长城

1957 年，中国首次向公众开放的长城，就是八达岭长城。现如今，八达岭长城或许是长城中名气最大的一部分。

八达岭长城的最高海拔高度达到了 1015 米（3330 英尺），站在八达岭长城上，游客们可以俯瞰群山，充分领略中国北方的壮美景色。

烽火台

在明长城上，大约建有 2.5 万座烽火台。烽火台往往被修建在山丘的顶部位置，这样一来，烽火台上的士兵就能够拥有更好的视野；此外，位置更高的烽火台，也拥有更强的信息传输、获取能力。

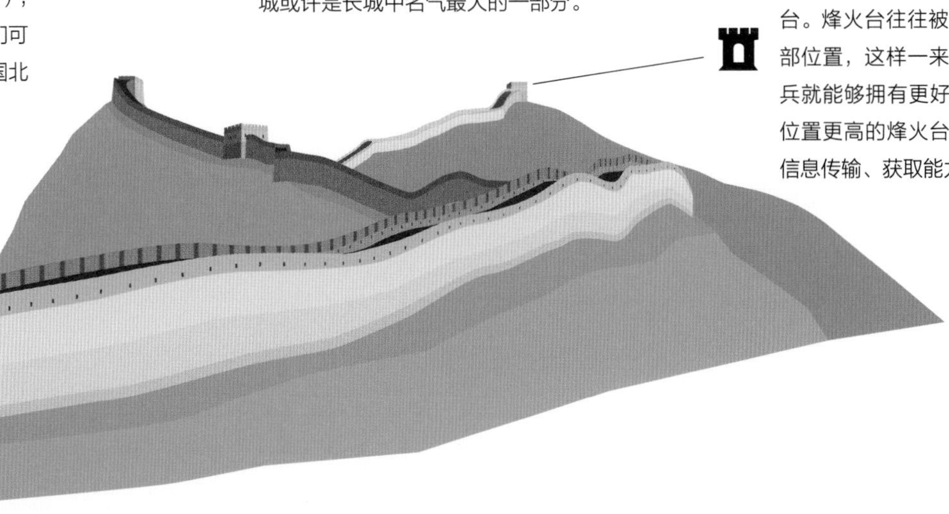

城垛

绝大部分的长城都建有城垛，其作用是保护城墙上的士兵。城垛通常高约 2 米（6.3 英尺），宽约 1.5 米（4.9 英尺）。

紫禁城

北京，中国
建造历时：14 年（1406 年—1420 年）

紫禁城是一个宫殿建筑群，在前后将近 500 年的漫长岁月中，紫禁城既是中国皇帝的居所，同时也是明、清两代的政治、礼仪中心。

在整个亚洲范围内，紫禁城的建筑风格、艺术水准都产生了极为深远的文化影响。1987 年，联合国教科文组织认可了紫禁城独一无二的文化、历史价值，将其列入了世界遗产名录。此外，紫禁城还是世界上现存规模最大的木质结构建筑群，这也是它被列入世界遗产名录的一个重要原因。

皇宫

紫禁城曾经是明、清两个朝代（1368 年—1912 年）统治者的皇宫。总共有 24 位皇帝曾经居住在紫禁城内。

名字的由来

“紫禁城”这个名字，是由于“紫宫”是帝王宫殿的代称；而帝王宫殿是禁地，常人不能随意进出，故称“紫禁”。

占地面积

紫禁城的占地面积达到了 72 公顷（178 英亩），该建筑群总共拥有 980 栋建筑物，9000 多个房间。

城墙

7.9 米（26 英尺）高，8.62 米（28 英尺）宽。

游客人数

2017 年，总共有 1670 万名游客前往紫禁城参观游览。

木质结构

紫禁城是当今世界现存的规模最大的古代木质结构建筑群。

文物藏品

紫禁城内现有文物藏品超过 180 万件，其中书画作品大约有 5 万件。

太和殿

太和门

午门

武英殿

武英殿是皇帝用来接见大臣的场所。

黄色琉璃瓦

在中国传统文化中，黄色是属于帝王的颜色。也正是由于这样的原因，在紫禁城内，除了个别建筑物以外，其他建筑物的屋顶都铺上了黄色的琉璃瓦。

内金水河

内金水河是一条横穿紫禁城的人工河流。

文化内涵丰富的屋顶

在紫禁城内部，每座建筑物屋顶脊兽的数量，可以反映出该建筑物的重要程度。太和殿是紫禁城内唯一一座殿顶岔脊上有 10 个脊兽的建筑物。

太和殿

太和殿是紫禁城内面积最大的一座宫殿，同时它也是中国现存规模最大的木质结构建筑物。

修建时间

1406 年，明朝永乐皇帝开始修建太和殿。

名字的演变

历史上，太和殿曾经多次更名，它之前先后叫过“奉天殿”“皇极殿”。直到 1645 年，清朝顺治皇帝才将该建筑物更名为“太和殿”，并且沿用至今。

礼仪功能

太和殿是皇帝登基、举行大婚等盛大典礼的地方。明朝的皇帝也曾经在太和殿里主持朝政。

火灾

历史上，太和殿曾经 7 次毁于火灾，它也因此而经历过 7 次重建。

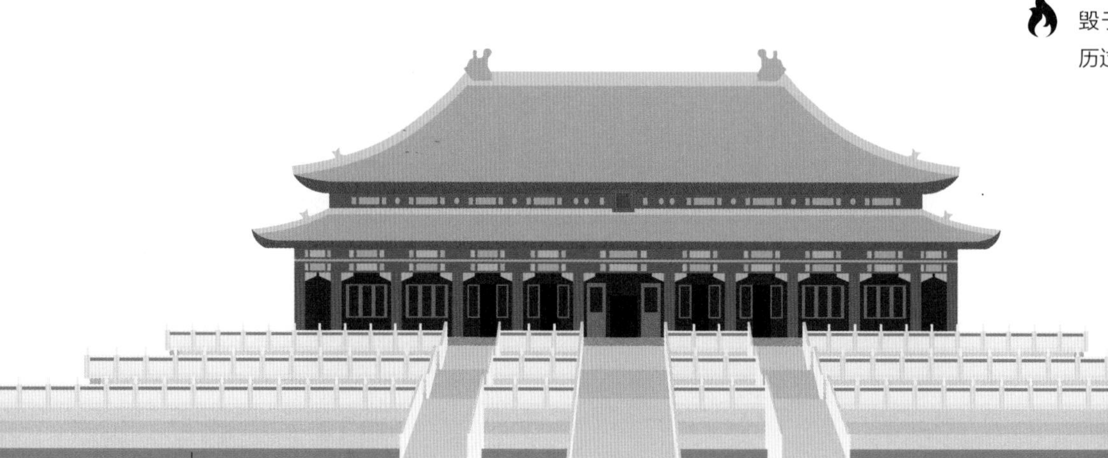

汉白玉石雕台基

太和殿修建于三层装饰性汉白玉石雕台基之上。

丹陛石

太和殿前的台阶中间，拥有一条“御道”——即丹陛石，它是由一块 16.57 米（54.4 英尺）长、3.07 米（10.1 英尺）宽、1.7 米（5.6 英尺）厚的巨石雕刻而成的，重约 200 吨。太和殿前的丹陛石，是中国现存尺寸最大的石雕。

9:5

太和殿的长宽之比为 9:5，其寓意代表着“九五之尊”。

皇座

在太和殿内，有一把用金丝楠木制成的“龙椅”，那便是专门属于皇帝使用的皇座。

龙

在皇座的上方，是一个穹隆圆顶，称为“藻井”，有镇压火灾之意。“藻井”内蟠卧着一条金龙，其口中衔着的宝球名为“轩辕镜”。传说，如果有人胆敢谋朝篡位的话，那么金龙会吐出轩辕镜来击杀篡逆者。

午门

午门是紫禁城最大的城门。如今，午门也是游客进入到紫禁城的唯一入口。

雄伟的城门

午门无疑是一座雄伟的城门，城楼最高处距离地面达到了 60 米。午门的城楼采用重檐庑殿顶，殿顶上铺设着彩色琉璃瓦。

午门实际上有五个门洞，城台上由一座重楼和四座阙亭组成，暗合“朱雀展翅”的形象。

昭告天下之地

皇帝所颁布的诏书，都是从午门传向全国各地的。

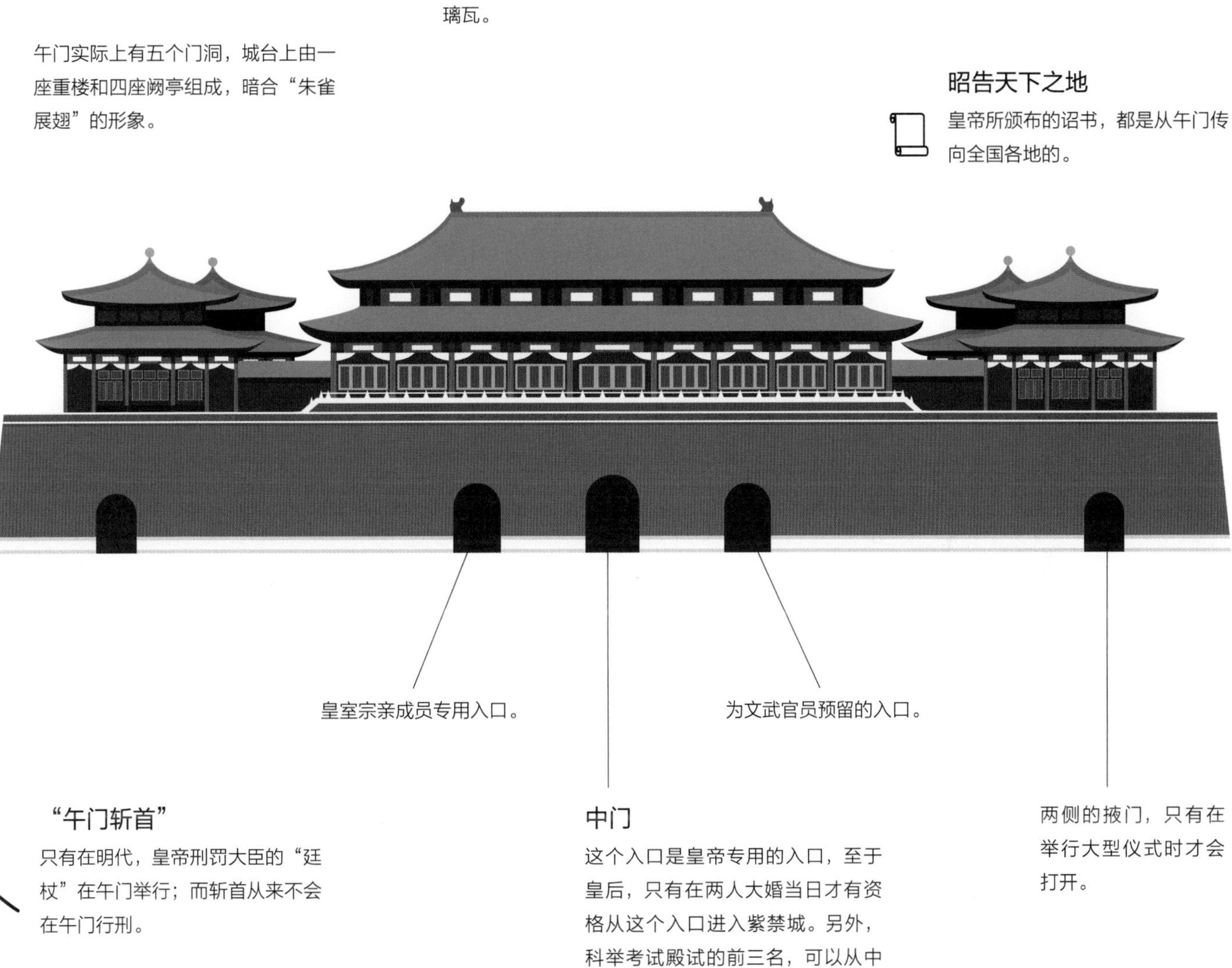

皇室宗亲成员专用入口。

为文武官员预留的入口。

“午门斩首”

只有在明代，皇帝刑罚大臣的“廷杖”在午门举行；而斩首从来不会在午门行刑。

中门

这个入口是皇帝专用的入口，至于皇后，只有在两人大婚当日才有资格从这个入口进入紫禁城。另外，科举考试殿试的前三名，可以从中门离开紫禁城。

两侧的掖门，只有在举行大型仪式时才会打开。

城台

在午门的东西两侧，各有一座城台，三面城台相连，环抱一个方形广场。

子午线

午门位于紫禁城的正南方，也是子午线的午位，因此称为午门。紫禁城作为明、清两代的权力中心，是以子午线作为中轴线来设计建造的。

三峡大坝

中国

建造历时：9 年（1994 年—2003 年）

三峡大坝是一座巨大的混凝土重力坝，它也是世界上发电能力最强的发电站。

在经过了数十年的规划之后，中国政府才最终建成了三峡大坝，这对中国来说是一个极具现实意义的伟大成就。三峡大坝的涡轮技术是世界上最先进的；此外，该水力发电站的落成，发挥出了减少温室气体排放的重要作用，并且还带来了巨大的经济效益。

防洪

三峡大坝的主要功能之一，是降低长江中下游地区发生洪涝灾害的风险。相关数据显示，三峡大坝的建成，将其下游发生洪涝灾害的频率，从每 10 年一次降低到了每 100 年一次。

世界上发电能力最强的发电站

三峡大坝的总装机容量为 2.25 万兆瓦，它也因此而成为世界上发电能力最强的发电站。三峡大坝所能产生的电能，几乎是世界上最大核电站——日本柏崎刈羽核电站发电量的三倍。

绿色能源

三峡大坝项目，是中国限制温室气体排放战略的一个重要的组成部分。

长江

长江是世界第三大河流，其长度为 6380 千米（3964 英里）。此外，长江也是全世界流量排名第三的河流。

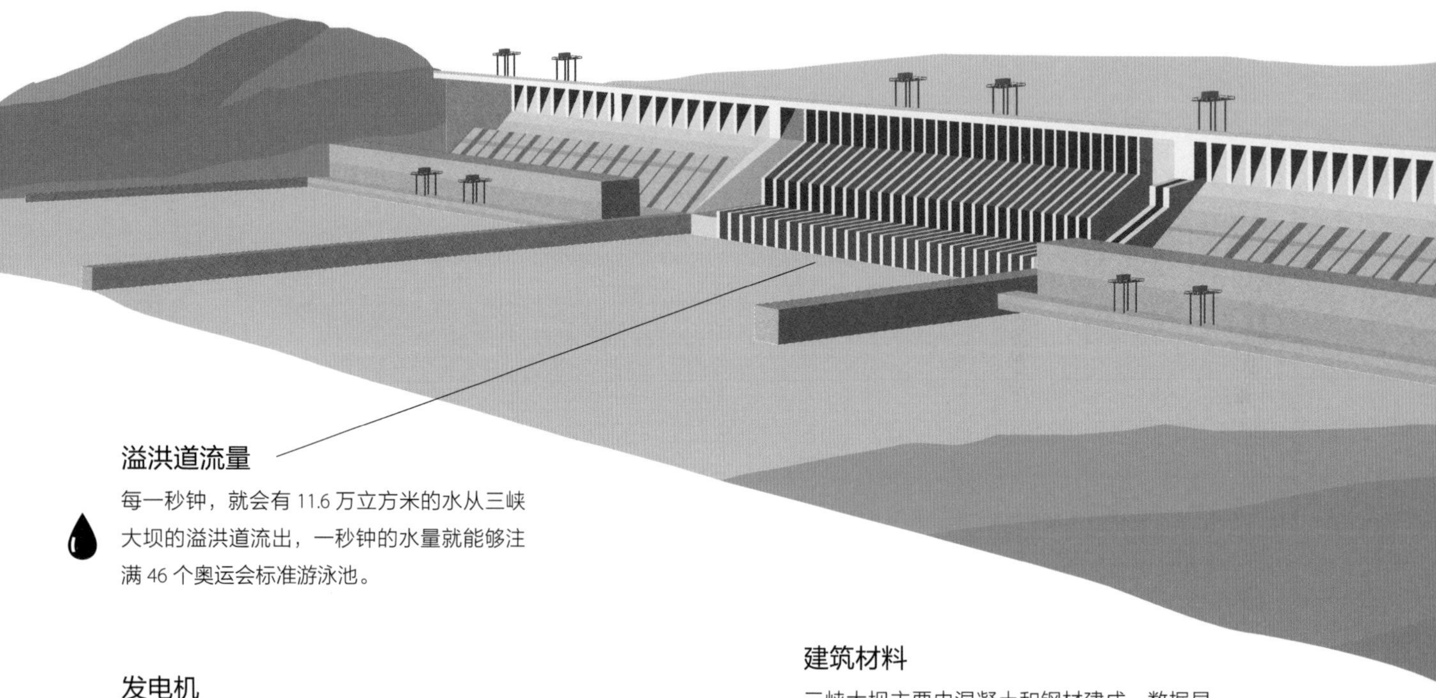

溢洪道流量

每一秒钟，就会有 11.6 万立方米的水从三峡大坝的溢洪道流出，一秒钟的水量就能够注满 46 个奥运会标准游泳池。

发电机

三峡大坝总共拥有 34 台发电机组，最大的一台发电机重约 6000 吨，大约相当于 32 头蓝鲸的重量。

涡轮机

三峡大坝发电机的涡轮宽度达到了 10 米（33 英尺），每分钟该涡轮旋转 75 圈。

工程造价

建设三峡大坝总共耗资 300 多亿美元，它也因此而成为人类历史上造价最高的建筑项目之一。

建筑材料

三峡大坝主要由混凝土和钢材建成。数据显示，三峡大坝所使用的钢材总量，能够建造出 63 座埃菲尔铁塔。

煤炭的替代品

在满负荷发电的情况下，三峡大坝每年的发电量，相当于火力发电厂用 3100 万吨煤炭所发出的电能。

尚未被充分发掘的潜力

三峡大坝无疑是全世界发电潜力最大的水力发电站，然而有数据显示，目前其年发电总量仅为其设计发电能力的 45% 左右。当今世界上发电量最大的水力发电站，是巴西的伊泰普水力发电站。

水位管理

三峡大坝及其水库有能力控制长江中下游地区的水位高度。当雨季到来时，三峡大坝及其水库能够储存足够多的水量；而到了旱季，该工程便能够将之前储存的水释放出来，以便用于农业灌溉等用途。

占地面积

三峡水库的表面积为1084平方千米（673.5平方英里），其水面面积是日内瓦湖的两倍。

水位

三峡水库的最高蓄水位，为海拔175米（574英尺）。

升船机

三峡大坝的升船机，使得大型船能够快速通过三峡大坝，并且使得长江的驳船能力增加六倍，同时二氧化碳的排放量则减少了63万吨。

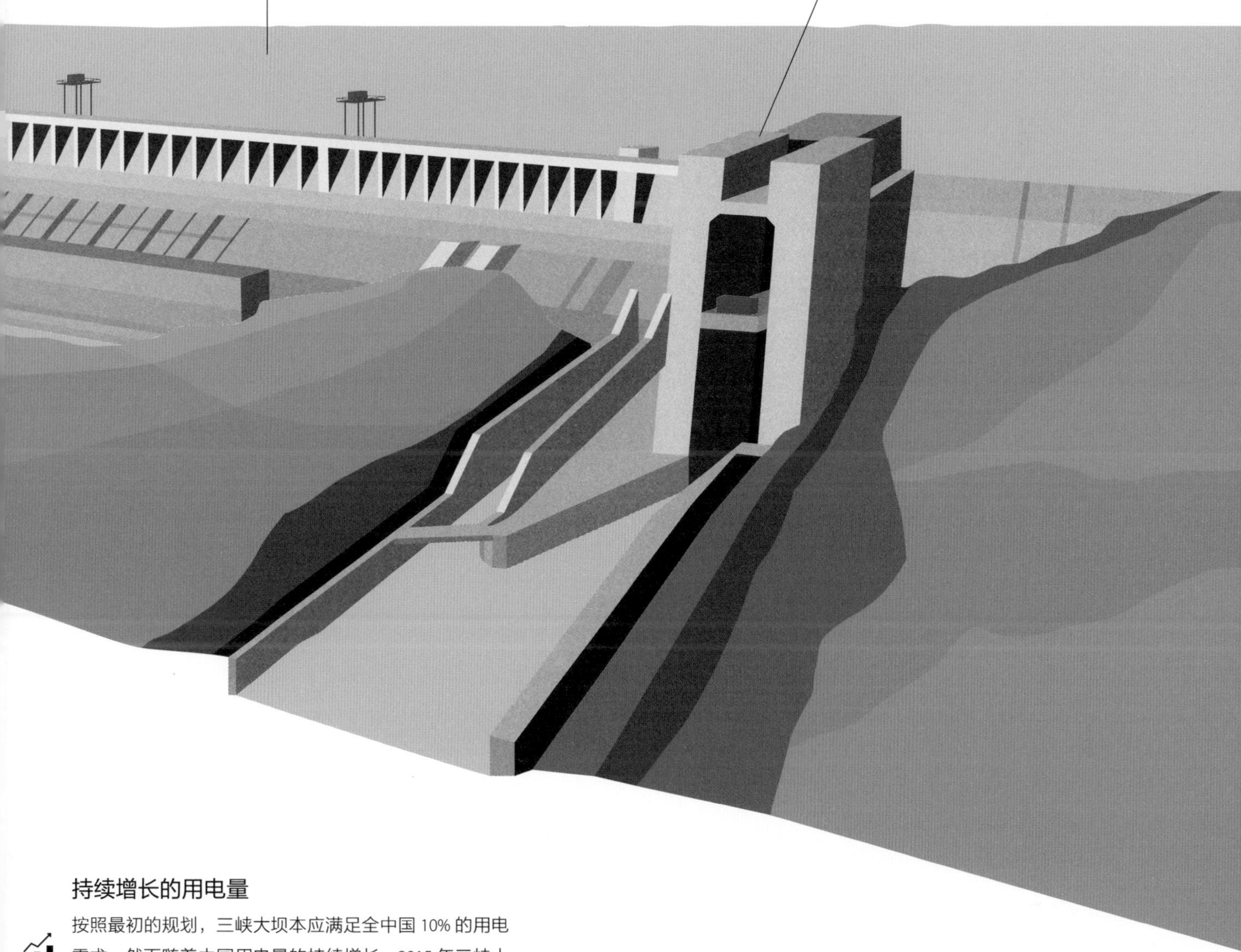

持续增长的用电量

按照最初的规划，三峡大坝本应满足全中国10%的用电需求。然而随着中国用电量的持续增长，2015年三峡大坝仅仅提供了全国2.5%的用电量。

台北 101

台北，中国

建造历时：5 年（1999 年—2004 年）

台北 101 堪称是整个台湾省的标志性建筑，它比马来西亚的吉隆坡石油双塔还要高出 52 米，该座建筑甚至还曾经在长达 6 年的时间里独霸“世界最高建筑”的宝座。台北 101 的设计理念极为超前，它也因此而成为世界上最大的“绿色建筑”。此外，台北 101 的抗震等级非常高，在台湾这样一个地震多发的地区，该座建筑无疑是最为安全的建筑。

曾经的世界最高建筑

在 2004 年至 2010 年间，台北 101 是世界上最高的建筑物。直到 2010 年阿联酋迪拜的哈利法塔正式完工之后，台北 101 才让出了“世界最高建筑”的宝座。

101 层

台北 101 总共有 101 层，这也是该座建筑物名字的由来。

摩天大楼

只有同时满足两个条件，一座建筑物才有资格被称为“摩天大楼”：首先，其高度必须高于 150 米；其次，其楼层数必须多于 40 层。

水循环利用

台北 101 的屋顶、外墙上都安装有水资源回收系统，该系统所回收的水量，能够满足整个台北 101 三成的用水需求。

调谐质量阻尼器

在台北 101 的第 88 至 92 楼，悬挂着一个巨大钢质球，那便是“调谐质量阻尼器”。它像一个巨大的钟摆，当发生地震的时候，它的摆动能够抵消建筑物的晃动幅度。台北 101 的调谐质量阻尼器，直径达到了 6 米，重量约为 660 吨，它也是世界上体积和重量排名第二大的调谐质量阻尼器。

地震

中国台湾省位于巨大的环太平洋地震带之上，该地区是一个地震多发区。不过，台北 101 的建造方在设计之初便充分考虑到了地震的威胁，他们将多种防震、抗震方案融入到了设计当中，使其成为整个台湾省较为安全的建筑之一。

508 米
（1666 英尺）

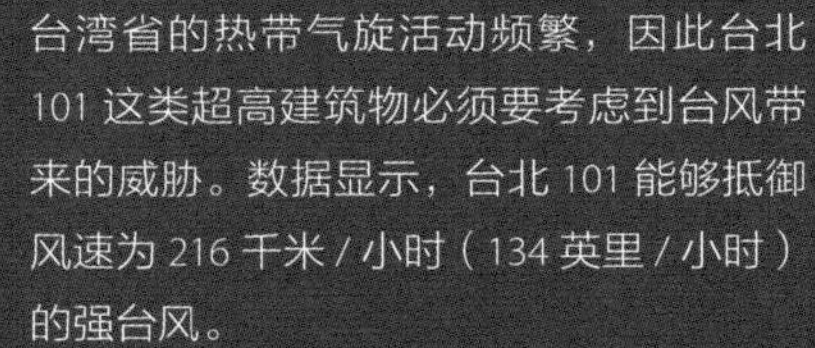

幸运数字 8

台北 101 总共有八个主要的部分。值得一提的是，在中国文化当中，“8”是非常幸运的一个数字。

电梯

台北 101 的电梯上升速度，能够达到 60.6 千米 / 小时（37.7 英里 / 小时）。

跨年焰火

台北 101 是著名的台湾跨年焰火的燃放地点。每到跨年焰火表演的那一天，台北 101 便会被炫目的焰火彻底点亮。

意外事故

2002 年在台北 101 建设的过程中，台北市发生了里氏 6.8 级的强烈地震。令人遗憾的是，虽然修建过程中的台北 101 没有受到损伤，然而安装在大楼 56 层的两台起重机因地震而倒塌，造成了 5 人死亡的惨剧。

台风

台湾省的热带气旋活动频繁，因此台北 101 这类超高建筑物必须要考虑到台风带来的威胁。数据显示，台北 101 能够抵御风速为 216 千米 / 小时（134 英里 / 小时）的强台风。

“绿色”建筑

自从 2011 年以来，台北 101 一直是全世界最高、最大的绿色建筑。“能源与环境设计先锋奖（LEED）”是一个绿色建筑的评价体系标准，在该评价体系标准当中，台北 101 一直处于领先地位。

玻璃帷幕墙

台北 101 使用了极为先进的双层隔热玻璃帷幕墙，该结构能够阻挡高温和紫外线，并且将外界温度对室内温度的影响降低一半。

泰姬陵

阿格拉，印度
建造历时：17 年（1631 年—1648 年）

泰姬陵是印度最著名的建筑，在那个古老的国度里，它是美丽和爱情的象征；在建筑设计方面，泰姬陵堪称是一个杰作，它也是世界上最著名的建筑物之一。泰姬陵被认为是印度伊斯兰艺术的瑰宝，2007 年，该座建筑被评为世界新七大奇迹之一。

每一年，都有超过 700 万游客前往泰姬陵参观游览。1983 年，联合国教科文组织将泰姬陵列入了世界遗产名录。

黑色泰姬陵

传说称，莫卧儿王朝第 5 代皇帝沙·贾汗曾经想在河对岸建一座由黑色大理石打造而成的陵墓，好与白色的泰姬陵隔河相望。

亚穆纳河

亚穆纳河全长 1370 千米（855 英里），海拔 6387 米（20955 英尺）的冰川融化之后，形成了该条河流。亚穆纳河是恒河的第二大支流。

泰姬陵

考班清真寺

威胁

由于常年饱受亚穆纳河污水及酸雨的污染，泰姬陵已经逐渐变黄。除了污染之外，亚穆纳河的冲刷，对于泰姬陵来说也是一个不可忽视的威胁。

答辩厅（Jawab，意为“答案”）

泰姬陵两侧各有一座建筑，左侧是考班清真寺。有传闻称，当年之所以会在右侧再修建一座建筑，仅仅是为了体现出对称的建筑美学。

莫卧儿花园

泰姬陵前有一座波斯风格的花园，那便是“莫卧儿花园”，该花园是一个完美的正方形，它又被均等地分成了16个较小的正方形花圃。历史上，莫卧儿王朝修建过很多花园，其中大多数花园为矩形，且作为主体建筑的陵墓式亭楼位于花园正中，然而泰姬陵前的这个莫卧儿花园是一个例外——陵墓坐落在花园的尽头。

河流的内涵

根据莫卧儿时代传统文化的说法，天堂里有四条河流，它们都从山的中心点流出，这四条河流分别代表着水、奶、酒以及蜂蜜。

大门

泰姬陵的正门，象征着通往天堂的大门。

前院

污染严重

阿格拉是世界上环境污染最为严重的城市之一。

在泰姬陵墙壁的正前方，是一个人口极为稠密的城市区域。

新世界奇迹

2007 年，泰姬陵被评选为世界新七大奇迹之一。

挚爱的妻子

穆塔兹·马哈尔是莫卧儿王朝皇帝沙·贾汗的第二位妻子，她也是最受宠爱的一位妻子。为了纪念死去的穆塔兹·马哈尔，沙·贾汗修建了泰姬陵。在为沙·贾汗生产第 14 个孩子的过程中，穆塔兹·马哈尔不幸去世。

泰姬陵钻石

泰姬陵钻石是一件著名的珠宝，它曾经属于穆塔兹·马哈尔。在几个世纪之后，演员理查德·伯顿将泰姬陵钻石赠送给了女演员伊丽莎白·泰勒。

宣礼塔

泰姬陵四周有四座 40 米（131 英尺）高的宣礼塔。值得一提的是，四座宣礼塔的塔顶稍稍向远离泰姬陵的一侧倾斜，这样一来，即便是有地震发生，倒塌的宣礼塔也不会伤害到泰姬陵。

穹顶

泰姬陵最为壮观、最具辨识度的是它的穹顶，其高度达到了 35 米（115 英尺）。

二楼

宣礼员在这里召唤信徒们进行礼拜。

宝石

总共有 28 种装饰用宝石被镶嵌在白色大理石中。

植物装饰物

泰姬陵内拥有 46 种植物装饰，这是该座建筑的最大特点之一。

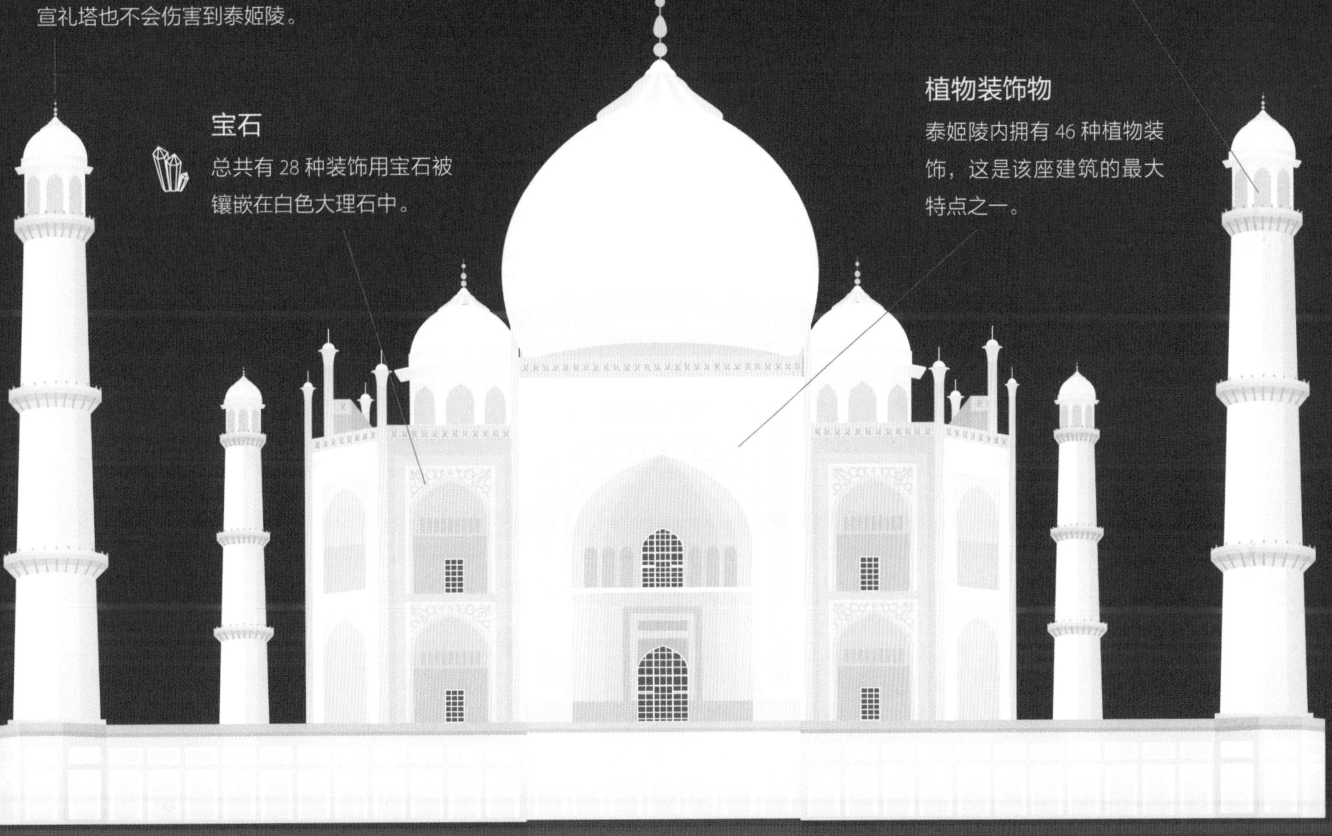

黑色大理石?

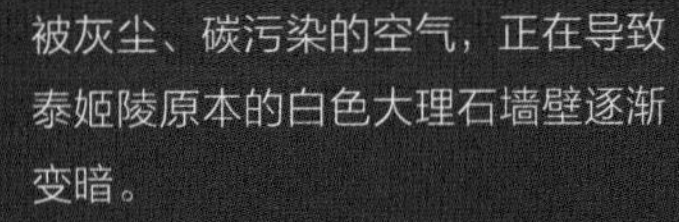

被灰尘、碳污染的空气，正在导致泰姬陵原本的白色大理石墙壁逐渐变暗。

沙尘暴

高达 100 千米 / 小时（62 英里 / 小时）的沙尘暴，加剧了泰姬陵陵墓墙壁的损坏。

大象

在兴建泰姬陵的过程中，有超过 1000 头大象参与其中。

大理石质地

早期莫卧儿建筑多使用红色的砂岩，而沙·贾汗则倡导使用白色大理石，这也使泰姬陵达到了新的建筑高度。

颜色

建筑用大理石拥有一种特质：它们能够反射天空的颜色。这样一来，泰姬陵就能够呈现出从红色、橙色到蓝色、紫色等各种颜色。

建筑材料来源

当年泰姬陵所使用的建筑材料，分别来自于今天的印度、巴基斯坦、阿富汗、中国、斯里兰卡以及阿拉伯半岛。

耶路撒冷老城

耶路撒冷，以色列、巴勒斯坦
建造时间：公元前 11 世纪

基督教、伊斯兰教以及犹太教是世界上非常重要的三种宗教，而对于这三大宗教来说，耶路撒冷老城都堪称是地球上最为神圣的地方之一。同时，耶路撒冷老城也称得上是一座活的历史宝藏，所有精神层面上的崇高信仰，都已经镌刻在了那里的每一块石头之上。耶路撒冷是一座独一无二的城市，1981 年，该座城市古老的核心区域，被联合国教科文组织列入了世界遗产名录。

各各他

众所周知，耶稣曾经被钉上十字架，而各各他则可能是发生那一切的地点之一。

圣墓教堂

圣墓教堂有着基督教信仰中最为神圣的两个地方：其一是耶稣被钉上十字架的地方，那里叫作“各各他”；其二便是耶稣的空坟墓，据说他被埋葬在那里，然后又在那里复活。

耶路撒冷老城定居者

按照传统，耶路撒冷老城分成了四个宗教区域，分别是犹太教区、基督教区、伊斯兰教区和亚美尼亚教区。

新门

新门是耶路撒冷老城最“年轻”的城门，它建成于 1889 年。

耶路撒冷老城的面积

1860 年以前，整个耶路撒冷只有相对面积较小的老城区域，当时其占地面积仅为 0.9 平方公里。

雅法门

大卫王塔

大卫王塔给世人留下了极为深刻的印象。16 世纪以前，大卫王塔曾多次被毁。到了 16 世纪，大卫王塔得到了重建、扩建。

圣马可修道院

圣马可修道院有可能是耶稣和他的众多门徒进行最后晚餐的地点。

屡遭围困

历史上，耶路撒冷老城至少被围困过 15 次。

大卫王墓

有些人认为，这里是古以色列联合王国第二代国王大卫的墓地。在希伯来神话中，大卫曾经杀掉巨人歌利亚，他也因此而名声大振。

锡安门

大马士革门
大马士革门外，便是通往大马士革的古代道路。
希律门
耶路撒冷老城的城墙
耶路撒冷老城的城墙修建于1537年至1541年，城墙总长度约为4千米（2.5英里），其上拥有34座城楼，城墙的平均高度约为12米（39英尺）。
教皇来访
1964年，教皇保罗六世成为历史上第一位造访耶路撒冷的教皇。
狮子门
圣母玛利亚之墓
客西马尼园
在被钉上十字架之前的那天晚上，耶稣曾经在一个花园里祈祷、休息，客西马尼园有可能就是这个花园。
圆顶清真寺
圣殿山
圣殿山是犹太教、基督教以及伊斯兰教三大宗教共同的圣地。公元前19年，大希律王建造的城墙将圣殿山的广场环绕。
哭墙
阿克萨清真寺
阿克萨清真寺能够容纳5000人，在全世界穆斯林的心目中，阿克萨清真寺是仅次于麦加、麦地那之后的第三圣地。
粪厂门

哭墙

历史上，耶路撒冷老城的古城墙曾经完整地环绕老城，而哭墙则是耶路撒冷老城中环绕圣殿山的古城墙中的一小段。

圣地

由于哭墙被认为是耶路撒冷圣殿的一部分，因此多年以来，它都是犹太教信徒心目中最为神圣的地方之一。

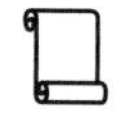

纸条祈祷

世界各地数以百万计的朝圣者，都曾经参观过这堵古老的哭墙，他们都在哭墙石头之间的缝隙里塞进写有祈祷词的小纸条。

原材料

堆砌哭墙所用的石料都是石灰岩，不同年代的人们将这些石灰岩石堆砌在了一起，并最终形成了哭墙。

圆顶清真寺

耶路撒冷老城的城墙，环绕着整个耶路撒冷最著名的地标性建筑物之一——圆顶清真寺。

45 层

哭墙是由 45 层石头相互重叠堆砌在一起而成的。

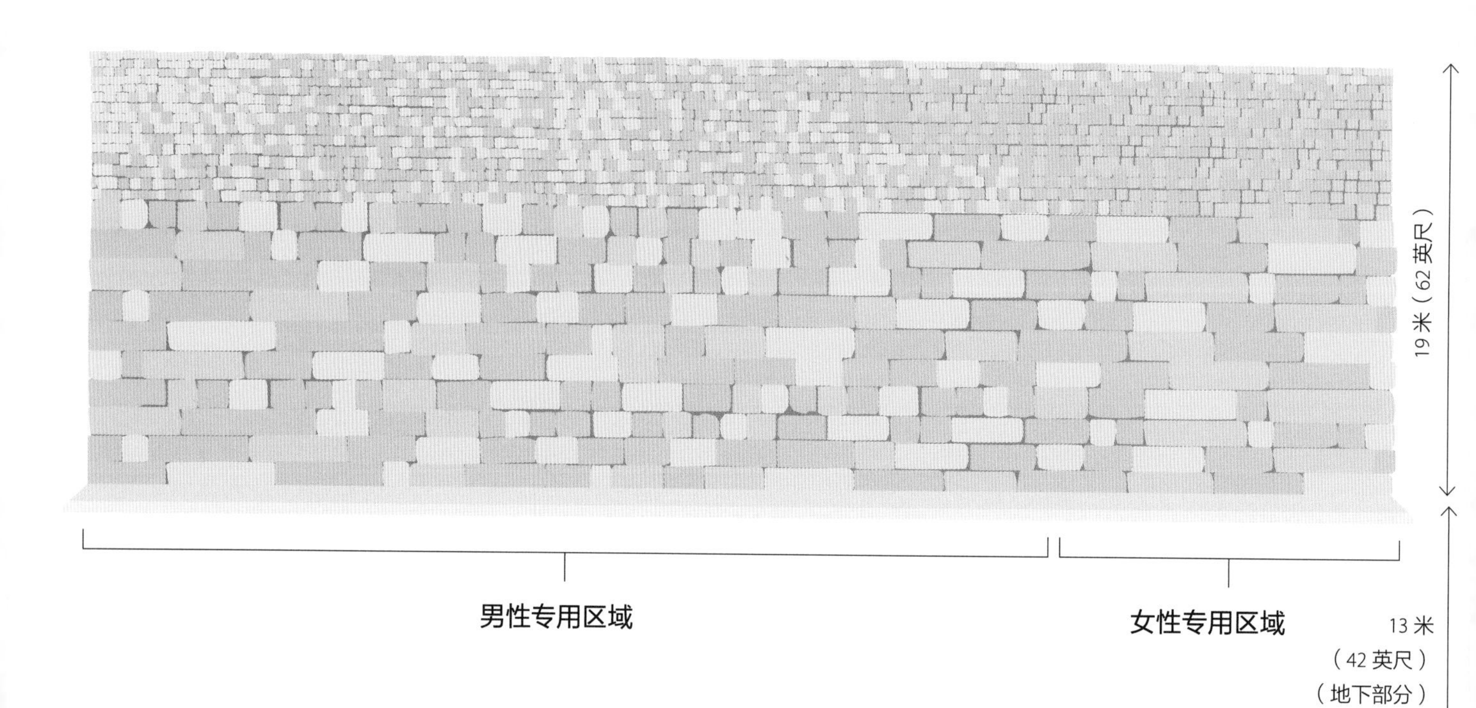

哭墙广场

哭墙前面的广场，最多可以容纳 6 万人。

男女分区

传统上，犹太教要求男人和女人分开进行祈祷活动。因此，哭墙也被分成了两个单独的部分，分别供男性、女性进行祈祷。

圆顶清真寺

圆顶清真寺是伊斯兰教的圣地，它建于公元 688 年至 692 年。圆顶清真寺是伊斯兰教最为神圣的地方之一。

基石

圆顶清真寺内的一块石头，是犹太教最为神圣的地方，传说世界就是从那里被创造出来的，亚当也是在那里获得了生命。那块石头便是“基石”。全世界的犹太人，都会朝向基石的方向进行祈祷。在伊斯兰教中，基石是先知穆罕默德的登宵之地。

禁止入内

非穆斯林被禁止进入圆顶清真寺。

圣殿骑士团

圣殿骑士团是一支天主教军队，在整个 12 世纪的大部分时间里，圆顶清真寺都是圣殿骑士团的总部所在地。当时，圣殿骑士团用他们的封印来装饰圆顶清真寺。

圆顶清真寺极有可能是现存最古老的伊斯兰建筑。

圆顶清真寺标志性的镀金屋顶，是在 1959 年至 1961 年间安装上去的。

教会

1099 年，十字军占领了耶路撒冷老城。在那之后，十字军曾将圆顶清真寺改造成为了一座教堂。

献祭之地

很多人都相信，圆顶清真寺的所在地，正是犹太人始祖亚伯拉罕将爱子以撒献祭给耶和华的地方。

镶嵌图案

圆顶清真寺内的镶嵌图案装饰，是在建成的几个世纪之后加装的。至于使用镶嵌图案来进行装饰的这一灵感，则是来自于附近拜占庭的建筑风格。

地震

1015 年，耶路撒冷老城曾经发生过一次地震，当时圆顶清真寺因地震而倒塌。八年以后，圆顶清真寺得到了重建。

佩特拉古城

马安省，约旦
建造时间：约公元前 5 世纪

2000 多年前，在约旦南部定居的纳巴泰人建造了佩特拉古城，那也是他们留给后世的宝贵遗产。佩特拉古城总体呈玫瑰红色，其内部雄伟壮观的岩石雕刻，让每年前往那里参观游览的 80 万各国游客惊叹不已。在佩特拉古城建成之后，该地区成为一个主要的区域贸易中心，而纳巴泰王国的国力、财富也因此而不断地增长。令人遗憾的是，公元 363 年发生的一次地震，摧毁了佩特拉古城的一部分；而之后随着全新海上贸易通道的出现，该座古城也逐渐没落了。

现如今，佩特拉古城是全世界最著名的地标建筑之一，它也已经被联合国教科文组织列入了世界遗产名录。2007 年，佩特拉古城被评选为世界新七大奇迹之一。

重见天日

在过去相当长的一段时间里，只有少数游牧民族居住在佩特拉古城。1812 年，瑞士旅行家约翰 · 路德维希 · 伯克哈特重新发现了佩特拉古城。

峡谷

要想抵达佩特拉古城，你必须要沿着一条狭窄、昏暗的峡谷前进，该条峡谷长约 1.2 千米（0.7 英里）。然后突然间，佩特拉雄伟壮观的景致便会跃入你的眼帘。

建筑风格

代尔修道院应该是在罗马帝国时期修建的。该修道院遵循古典的纳巴泰风格，同时深受希腊古典建筑风格的影响。

AD DEIR

“AD DEIR”的意思是“修道院”。纵观历史，修道院履行着各种社会和宗教的职能。

纪念性建筑

代尔修道院，被认为是为纪念纳巴泰国王奥博达斯一世而建造的一座纪念性建筑。

45 米（147 英尺）

柱子

代尔修道院内的柱子是科林斯式的。值得一提的是，那些柱子只是装饰，而无法在建筑结构上起到支撑的作用。

代尔修道院正殿的大门高 8 米（26 英尺），它也是室内唯一的采光通道。

损坏

这座建筑物受到的侵蚀、损坏程度，要比相邻的建筑物更加严重。

教会

近距离观看，你可以看到建筑物正面的十字架。在拜占庭时期，代尔修道院曾经被用作基督教礼拜堂，而那些十字架便是在那个时期雕刻而成的。

热点旅游目的地

在佩特拉古城，参观游览代尔修道院的游客人数，排在哈兹尼神庙之后，位列次席。

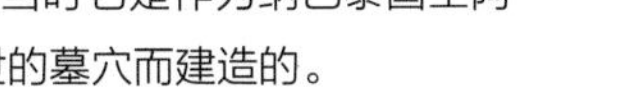

哈兹尼神庙

在佩特拉古城中，哈兹尼神庙是最精致、声望最大的神庙。哈兹尼神庙建于公元 1 世纪初，当时它是作为纳巴泰国王阿雷塔斯四世的墓穴而建造的。

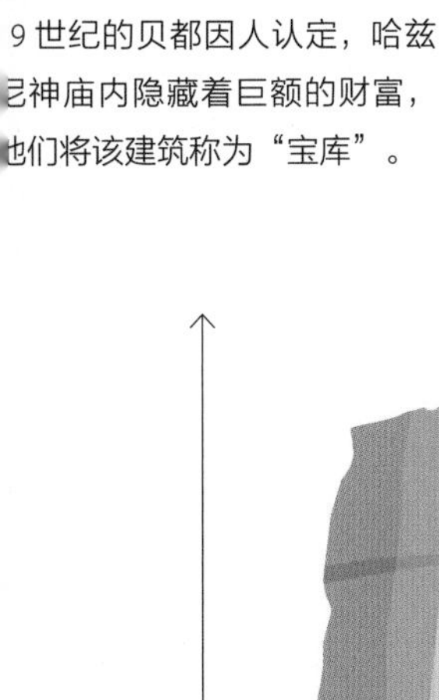

宝库

9 世纪的贝都因人认定，哈兹尼神庙内隐藏着巨额的财富，他们将该建筑称为“宝库”。

弹孔

20 世纪初，当地人曾经用枪支射击哈兹尼神庙，这使其外表面留下了弹孔。当地人之所以会枪击哈兹尼神庙，是因为他们认定该座神庙内藏有宝藏，希望借此进入宝库；幸运的是，建筑是由实心砂岩建成，射击未能对其造成根本破坏。

39 米
128 英尺）

鹰隼雕像

哈兹尼神庙有四个鹰隼形象的雕刻品。相传，这些鹰隼雕像可以带走人们的灵魂。

亚马逊雕像

在哈兹尼神庙上层的两侧，都有亚马逊人跳舞的雕像。目前，这些雕像已经损坏。

伊西斯、堤喀

哈兹尼神庙拥有伊西斯、堤喀两位女神雕像。在古代埃及神话中，伊西斯是生命、魔法、婚姻和生育女神；而在古代希腊神话中，堤喀则是命运女神。

神话传说

大体上来说，哈兹尼神庙内的雕塑，大多都是与来世有关的古代神祇。

砂岩

哈兹尼神庙是在砂岩峭壁上雕刻而成的。所谓砂岩，是一种质地相对较软的沉积岩石。

“双子座”雕塑

在哈兹尼神庙的入口处，矗立着卡斯托尔和波吕克斯这对双胞胎的雕像。在希腊神话中，卡斯托尔和波吕克斯这对双胞胎一部分生活在奥林匹斯山上，另外一部分生活在地下世界。

腐蚀

由于砂岩质地相对较软，因此哈兹尼神庙的很多建筑细节都已经遭到了侵蚀和破坏。

吉隆坡石油双塔

吉隆坡，马来西亚

建造历时：6 年（1993 年—1998 年）

在台北 101 正式落成之前，吉隆坡石油双塔在长达 6 年的时间里一直占据着“世界最高建筑物”的宝座。毫无疑问，吉隆坡石油双塔是马来西亚首都的著名地标性建筑，时至今日，它依然是世界上最高的双塔结构建筑物。

曾经的世界最高建筑

在 1998 年至 2004 年间，吉隆坡石油双塔是全世界最高的建筑物。2004 年，台北 101 正式落成，在那之后，吉隆坡石油双塔也不得不让出了“世界最高建筑物”的宝座。

马来西亚国家石油公司

吉隆坡石油双塔是马来西亚国家石油公司的总部所在地。目前，马来西亚国家石油公司是《财富》杂志世界 500 强排名中第 191 位的超级能源巨头。

创纪录一跃

1999 年，菲利克斯·鲍姆加特纳从吉隆坡石油双塔的塔顶纵身跃下，他也因此而创造了定点跳伞的世界纪录。

“蜘蛛侠”

2009 年，绰号“蜘蛛侠”的阿兰·罗伯特只用了不到两个小时的时间，便登上了吉隆坡石油双塔的二号塔。值得一提的是，这是阿兰·罗伯特第三次尝试攀登吉隆坡石油双塔，前两次他都在尚未抵达塔顶之前被警方逮捕。

英文字母“M”

如果以飞鸟的视野从一定的高度俯瞰吉隆坡石油双塔的话，你会发现该建筑很像大写的英文字母“M”——那也正是“Malaysia（马来西亚）”的首字母。

451.9 米
（1482.6 英尺）

来自于宗教文化的影响

吉隆坡石油双塔的横截面，是以伊斯兰符号为基础的。实际上，整座吉隆坡石油双塔都采用了传统伊斯兰建筑常见的几何造型。

选址

吉隆坡石油双塔的建造地点，之前是一个赛马场。

建造成本

吉隆坡石油双塔的总建筑成本达到了 16 亿美元。

卢布·艾尔·希兹布天桥

“Rub el Hizb”是一个伊斯兰文化符号。卢布·艾尔·希兹布天桥位于高于地面 170 米（558 英尺）的高空，它也是世界上最高的双层桥。750 吨的双层桥可以在 41 楼和 42 楼的高度充当两座塔之间的连接器，但天桥并未完全固定在主体建筑上。这种设计，是为了避免吉隆坡石油双塔在强风中微幅摆动时损坏天桥。

电梯

吉隆坡石油双塔的每一部电梯都是双层结构的。其中，下层只在偶数楼层停留，而上层则只在奇数楼层停留。

麦加大清真寺

麦加，沙特阿拉伯
建造时间：建于公元 634 年，1571 年大规模重建

麦加是穆罕默德的出生地，也是他第一次口述《古兰经》的地方。在伊斯兰教教义当中，麦加是最为神圣的城市。麦加大清真寺是世界上规模最大的清真寺，其中可以容纳 50 万信徒。麦加大清真寺是穆斯林进行朝觐的地方，“朝觐”是每个伊斯兰教信徒负有的宗教义务。

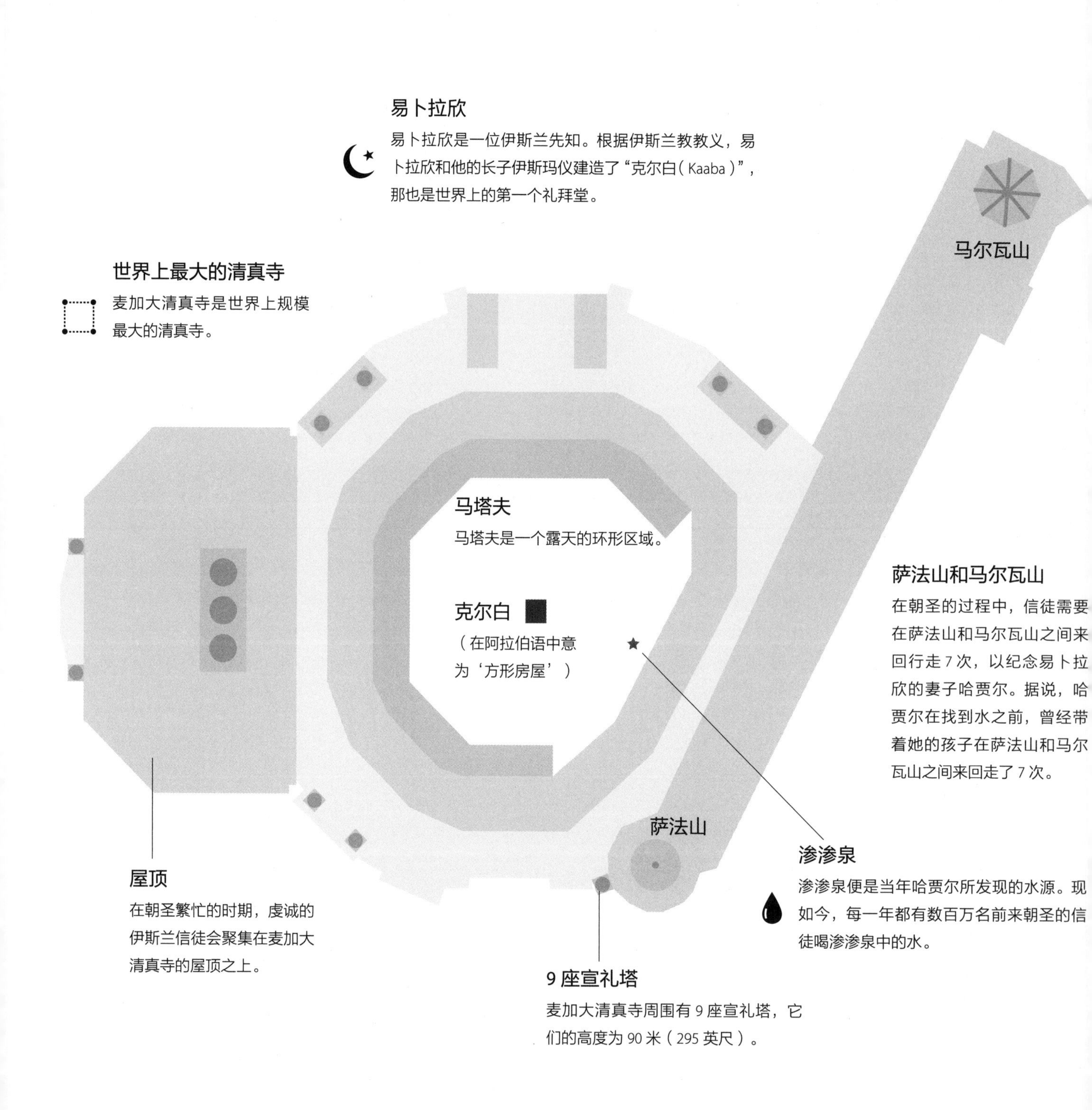

易卜拉欣

易卜拉欣是一位伊斯兰先知。根据伊斯兰教教义，易卜拉欣和他的长子伊斯玛仪建造了“克尔白（Kaaba）”，那也是世界上的第一个礼拜堂。

世界上最大的清真寺

麦加大清真寺是世界上规模最大的清真寺。

萨法山和马尔瓦山

在朝圣的过程中，信徒需要在萨法山和马尔瓦山之间来回行走 7 次，以纪念易卜拉欣的妻子哈贾尔。据说，哈贾尔在找到水之前，曾经带着她的孩子在萨法山和马尔瓦山之间来回走了 7 次。

屋顶

在朝圣繁忙的时期，虔诚的伊斯兰信徒会聚集在麦加大清真寺的屋顶之上。

渗渗泉

渗渗泉便是当年哈贾尔所发现的水源。现如今，每一年都有数百万名前来朝圣的信徒喝渗渗泉中的水。

9 座宣礼塔

麦加大清真寺周围有 9 座宣礼塔，它们的高度为 90 米（295 英尺）。

从不关闭

无论任何时间，麦加大清真寺都向伊斯兰教信徒开放。

麦加皇家钟塔酒店

麦加皇家钟塔酒店建于 2011 年，它是世界上最为昂贵的建筑项目，其耗资总额达到了 150 亿美元。麦加皇家钟塔酒店的主楼是世界第三高楼（601 米，1971 英尺），它拥有世界上直径最大（43 米，141 英尺）的钟。

克尔白

在阿拉伯语中，“克尔白（Kaaba）”意为“方形房屋”，该座建筑由花岗岩打造而成，它矗立在麦加大清真寺的中心位置上。克尔白是伊斯兰教最为神圣的地方。

克尔白的四角

克尔白四个角的朝向，与罗盘的四个基点刚好吻合。

基卜拉

基卜拉是穆斯林在礼拜期间进行祷告时所需要朝向的方向，也即麦加克尔白所在的方位。

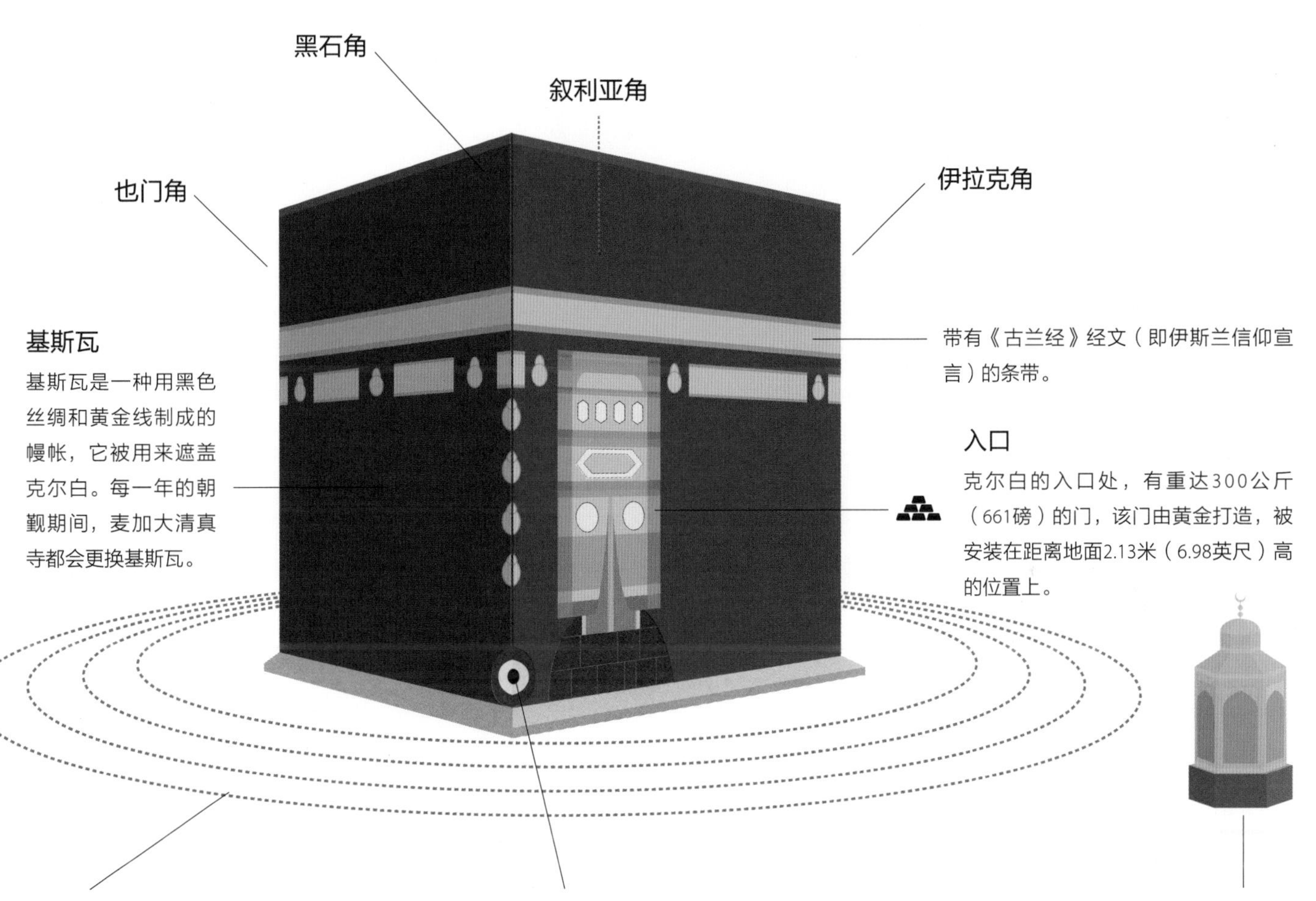

基斯瓦

基斯瓦是一种用黑色丝绸和黄金线制成的幔帐，它被用来遮盖克尔白。每一年的朝觐期间，麦加大清真寺都会更换基斯瓦。

带有《古兰经》经文（即伊斯兰信仰宣言）的条带。

入口

克尔白的入口处，有重达300公斤（661磅）的门，该门由黄金打造，被安装在距离地面2.13米（6.98英尺）高的位置上。

塔瓦夫

塔瓦夫指的是在进行朝觐时，伊斯兰教信徒绕着克尔白行走的宗教仪式。从黑石开始，朝圣者逆时针围绕克尔白走七圈。

黑石

黑石据传是阿丹、哈娃时期的遗物。穆罕默德将黑石放在了克尔白的墙壁上。多年以来，前来麦加大清真寺朝圣的伊斯兰信徒们，会亲吻、触摸或指向黑石，同时反复诵读大赞辞——“安拉至大”。

易卜拉欣立足处

在金属外壳内部的一块石头上，留有先知易卜拉欣的脚印。

伊斯兰“五功”

伊斯兰“五功”指的是伊斯兰教基本功课的总称。具体来说，伊斯兰“五功”分别为念功、拜功、斋功、课功以及朝功。

朝圣人数

2017年，总共有2352122人前往圣地麦加来进行朝觐。

迪拜

阿拉伯联合酋长国
建造时间：始建于 18 世纪；现代迪拜建于 20 世纪 60 年代以后

迪拜堪称是雄心壮志与缜密规划的完美结合体，该座光彩夺目的现代化大都市能够抵御其周围异常凶险的沙漠，堪称是一个伟大的奇迹。曾几何时，迪拜只是阿拉伯联合酋长国一个小小的贸易港，1950 年该地区的常住人口也只有两万人。1966 年，迪拜及其附近区域发现了石油，这一事件推动了该地区的快速发展。现如今，国际贸易、旅游、航空、房地产以及金融服务等各个行业都在迪拜得到了蓬勃的发展，目前该座城市拥有 280 万常住人口，更是全世界增长最快的经济体之一。除此之外，迪拜还以众多吸引人眼球的标志性建筑物而闻名，这其中包括了巨大的人工岛，以及世界最高建筑——哈利法塔。

移民城市

2013 年，迪拜人口总数中的 85% 都是来自于外国的移民。

迪拜购物中心

迪拜购物中心是世界第二大购物中心，其占地面积相当于 50 个标准足球场那么大。2015 年，总共有 9200 万游客前往迪拜购物中心购物、休闲、娱乐。

世界岛

迪拜世界岛，是由 300 个人工岛屿组成的一个微缩版的地球。

波斯湾

迪拜所在的波斯湾地区，拥有全世界一半以上的石油储量。

朱美拉棕榈岛

朱美拉棕榈岛建成于 2006 年，在那之后，该岛便占据了“世界最大人工岛”的宝座。朱美拉棕榈岛的海岸线总长度约为 520 千米（320 英里），岛上拥有 1.05 万常住人口。通过单轨铁路，朱美拉棕榈岛能够与大陆相互连接。

杰贝阿里棕榈岛

杰贝阿里棕榈岛始建于 2002 年，然而时至今日该人工岛的建设工程依然没有彻底完成。按照计划，未来将有 25 万人居住在杰贝阿里棕榈岛上。

生活成本

目前，迪拜是整个中东地区生活成本最高的城市。

免征个人所得税

迪拜免征个人所得税，这一政策成功地吸引到了新的投资者、工作者前往该座城市寻找机会。

迪拜国际机场

2018 年，迪拜国际机场的旅客吞吐量为 88885367 人。如果按照国际客运量来计算的话，那么迪拜国际机场是世界上最为繁忙的一座机场。

太阳天天见

1 月份，迪拜的平均降水天数为零。

新经济

尽管最初的蓬勃发展来自于石化工业的巨大推动，然而实际上迪拜这座城市的石油储量并不丰富。目前，整个迪拜的国民收入，只有 5% 是来自于石油及其下游产业。

卓美亚帆船酒店

卓美亚帆船酒店是世界上最漂亮、最豪华的酒店之一。

世界第五高的酒店

卓美亚帆船酒店的高度为 321 米（1053 英尺），该酒店也是世界上第五高的酒店。令人震惊的是，除了卓美亚帆船酒店之外，在世界前五高的酒店当中，还有另外三家也在迪拜。

实际上，在卓美亚帆船酒店中，有 38% 的高度是没有任何空间可供酒店使用的。

酒店星级

卓美亚帆船酒店被称为是“世界上唯一的一家七星级大酒店”，然而实际上，该酒店依然只是一家五星级酒店。这是因为，五星级是一家酒店所能达到的最高等级。

无比宽敞

虽然卓美亚帆船酒店非常高，但它只有 28 层，房间总数也只有 202 间，每一间都是上下两层的复式结构。

设施

所有入住卓美亚帆船酒店的客人，都可以享受九家餐厅、酒吧，五个游泳池，私人海滩，健身俱乐部、水疗中心以及康复中心提供的高质量服务。

直升机停机坪

在海拔 210 米（689 英尺）的高度上，卓美亚帆船酒店设有一个直升机停机坪。2005 年，安德烈·阿加西与罗杰·费德勒曾经在该直升机停机坪上打了一场网球比赛。

工作人员

在卓美亚帆船酒店，总共有 1600 名工作人员为客人提供各种舒适的服务。值得一提的是，卓美亚帆船酒店的员工 / 套房比例冠绝全球，达到了惊人的 8:1。

设计

卓美亚帆船酒店标志性的设计方案，使得该座建筑成为迪拜第一个得到国际广泛认可的地标性建筑。

中庭

卓美亚帆船酒店的第 18 层设有一个中庭，该中庭位于地平面以上 180 米（590 英尺）。

帆船的风帆

卓美亚帆船酒店的造型，源自于阿拉伯式单三角帆船的风帆。

套房

卓美亚帆船酒店总共拥有 202 间套房，面积从 169 平方米（1819 平方英尺）到 780 平方米（8396 平方英尺）不等。房价最高的套房，每晚起价为 18000 美元。

人工岛

卓美亚帆船酒店坐落在一个人工岛上，该岛屿距离海岸线 280 米（919 英尺）。

坚固的地基

为了给卓美亚帆船酒店打造出坚固的地基，施工方将 230 根 40 米（131 英尺）长的钢筋混凝土柱打入了人工岛的沙地。

有意思的是，建造该人工岛总共耗时三年，这一时长甚至比建造卓美亚帆船酒店的时间还要长。

哈利法塔

迪拜，阿拉伯联合酋长国
建造历时：5 年（2004 年—2009 年）

哈利法塔的总高度为 829.8 米（2722 英尺），自从 2009 年落成以来，该座建筑一直占据着“世界最高建筑物”的宝座。哈利法塔优雅的尖顶，体现出了迪拜勃勃的雄心，以及该座城市欣欣向荣的景象。

309473 平方米

哈利法塔的总建筑面积为 309473 平方米，差不多等于三分之二个梵蒂冈城的面积。

829.8 米

2009 年，总高度达 829.8 米的哈利法塔勇夺“世界最高建筑物”宝座，它比之前的世界最高建筑——台北 101——高出了 320 米。换句话说，哈利法塔相当于台北 101、纽约克莱斯勒大厦（320 米高）这两座摩天大楼的高度之和。

建设成本

据估计，哈利法塔的建设成本约为 15 亿美元。

电梯

哈利法塔总共拥有 58 部电梯，每一部电梯都能够以 10 米 / 秒的速度将 14 名客人送上塔顶。

最高的夜总会

哈利法塔的第 144 层有一个夜总会，那里也是世界上最高的夜总会。

尖顶

哈利法塔的尖顶，将该座摩天大楼的高度增加了 244 米（800 英尺）。但是，这 244 米的高度没有为哈利法塔增加任何实际的可用空间。

“蜘蛛侠”

2011 年，绰号“蜘蛛侠”的阿兰 · 罗伯特仅仅用了 6 个小时，便从外墙爬上了哈利法塔的顶楼。

自由落体 13 秒

如果一个人从哈利法塔的楼顶纵身跃下，那么他将经历 13 秒钟的自由落体之后，才会到达地面。

地基

哈利法塔的设计沿袭了伊斯兰教所特有的建筑风格。俯视哈利法塔，你会发现其外形酷似沙漠之花——蜘蛛兰盛开的花瓣，这种设计灵感，除了美观之外，也让整座建筑的结构异常稳固。

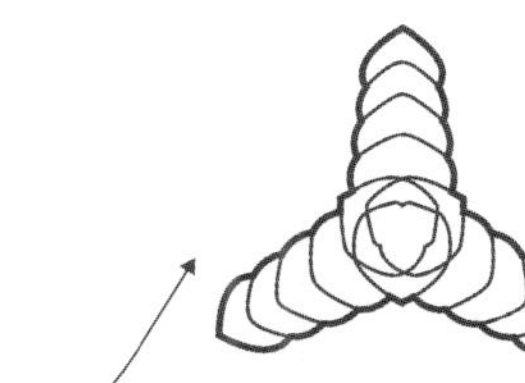
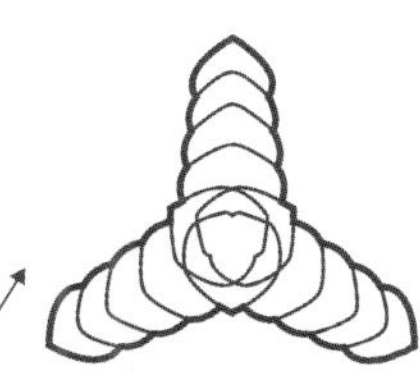

哈利法塔每一层的偏移曲线，都是为了尽可能地减小风阻而特别设计的。

相对较少的钢材使用量

与帝国大厦相比，哈利法塔的钢材使用量足足少了一半。

工人数量

用工人数最多的时候，大约有 1.2 万名工人在哈利法塔的施工现场工作。

艰巨的清洁任务

一个由 36 名工作人员组成的清洁小组，足足用了四个月的时间，才将哈利法塔内的 24348 扇窗户清洁干净。

水循环利用

哈利法塔内空调系统的冷凝水，被用来灌溉附近公园内的各种植物。

水系统

哈利法塔内的管道总长度约为 100 千米（62 英里），每天该系统的供水总量约为 946 吨（25 万加仑）。此外，哈利法塔还为消防应急系统配备了总长度为 213 千米（132 英里）的管道。

2909 级台阶

如果你认为自己足够健康的话，那么你可以步行爬上哈利法塔，这个过程你需要迈上 2909 级台阶，耗时约为两个小时。

阿玛尼酒店

哈利法塔内拥有一间阿玛尼酒店，该酒店由意大利著名设计师设计，房间总数为 304 间。

喷泉

哈利法塔边上总长度达到 270 米（900 英尺）的喷泉，是全世界第二大音乐喷泉，其耗资总额高达 2.17 亿美元。该音乐喷泉能够向空中喷射出 150 米（500 英尺）高的水柱。

悉尼歌剧院的建造成本，从最初预计的 700 万澳元飙升至了 1.02 亿澳元；其建设周期，也从之前计划的 4 年延长到了 14 年。

大洋洲

防兔围栏 & 防澳洲野犬围栏

澳大利亚

建造历时：1901 年至 1907 年（防兔围栏），1880 年至 1885 年（防澳洲野犬围栏）

澳大利亚拥有世界上最长的“篱笆”。防澳洲野犬围栏建成于 1885 年，其高度达到了 2 米（6 英尺），全长 5614 千米（3488 英里），该围栏旨在保护澳大利亚东南部的羊群免受各类澳洲野犬的攻击。1907 年，为了尽快控制住野兔种群的爆炸性蔓延，并且保护澳大利亚西部的各类农作物，该国毅然修建了防兔围栏，其长度也达到了 3256 千米（2021 英里）。

兔子的来历

1788 年，第一批来自于欧洲的殖民者在澳大利亚登陆，也正是他们将兔子这一物种引入了那片大陆。当然，当时的欧洲殖民者之所以会饲养兔子，是将它们当作食物。在那个时候，兔子是在可控的条件下繁衍、成长的。

保卫西部

设计并建造防兔围栏，目的是为了保护澳大利亚西部的农作物免受兔子的侵袭。

疯狂的繁殖

1859 年，为了增加狩猎的乐趣，英国殖民者托马斯·奥斯汀将 24 只兔子放归山野。值得一提的是，在澳大利亚，兔子几乎没有天敌，因此它们能够以令人难以置信的速度繁衍生息，并且很快就威胁到了澳大利亚的生态以及经济环境。

防兔围栏

在澳大利亚西部，该国建成了一条长达 3256 千米（2023 英里）的有害生物隔离屏障，这条屏障由三个相互连接的围栏共同组成。

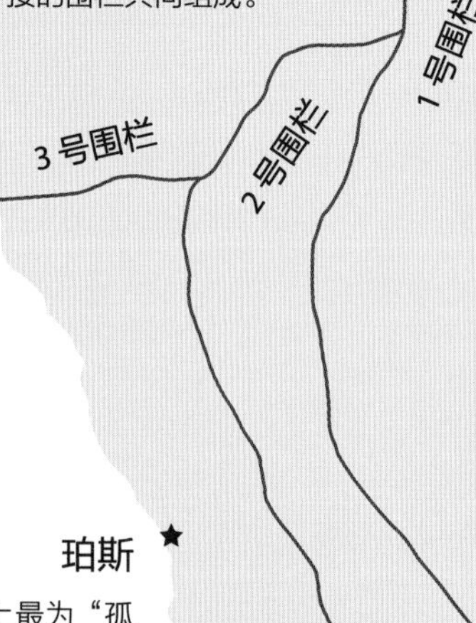

1 号围栏

1907 年，1 号围栏建造完成，其长度达到了 1833 千米（1139 英里）。在当时，1 号围栏是世界上最长的连续不间断围栏。

工程造价

每千米防兔围栏的造价为 250 澳元。

对生态环境的影响

兔子以植物为食，它们会吃掉灌木以及人类种植的各类庄稼。兔子的过度繁殖，必定会减少其他动物的食物总量，同时也会造成严重的水土流失。

珀斯

珀斯堪称是世界上最为“孤立”的大城市，因为距离那里最近的城市，也在 2130 千米（1324 英里）之外。

欧洲兔

这一兔种原产于欧洲西南部以及非洲西北部。实际上，欧洲兔也曾经被引入到南美洲，然而在那里，该物种并没有造成如此之大的破坏程度。

“控制措施”

1950 年，黏液瘤病毒的流行和传播，使得澳大利亚境内的兔子总量，从大约 6 亿只减少到了 1 亿只。然而随着时间的推移，澳大利亚的兔子开始对黏液瘤病毒产生了抗体，截止到 1991 年，该国的兔子总量已经回升到了 2 亿至 3 亿只。

顶级猎食者

澳洲野犬堪称是澳大利亚的顶级食肉动物。

运行和维护

防澳洲野犬围栏由巡逻人员负责运行和维护。通常情况下，两名巡逻人员能够在一周的时间内检查 300 千米（180 英里）的防澳洲野犬围栏。

澳洲野犬

这是一种原产于澳大利亚的犬种，该犬种的平均体重为 16 公斤（35 磅），它们主要以哺乳动物、鱼类、爬行动物和鸟类为食。

世界最长围栏

澳大利亚的防澳洲野犬围栏，总长度达到了 5614 千米（3488 英里），它是世界上最长的连续建筑，更是世界上最长的围栏。

建造

围栏高 180 厘米，地基深度 30 厘米（12 英寸）。在围栏两侧 5 米（16 英尺）的范围内，人们将植被彻底清理干净。

防澳洲野犬围栏

反作用

在防澳洲野犬围栏以南的区域，澳洲野犬的总量非常有限，这一情况直接导致了与绵羊同为草食动物的兔子、袋鼠的数量明显增长。

布里斯班

保护区域

澳大利亚的防澳洲野犬围栏，保护着该国大约 2650 万公顷（6540 万英亩）的牛羊牧场。

保护绵羊

澳大利亚建造防澳洲野犬围栏的目的，是为了保护该国东南部密集的绵羊种群免受澳洲野犬的攻击。

悉尼

堪培拉

墨尔本

漏洞

1990 年，人们在防澳洲野犬围栏上发现了一些漏洞，那些体型偏小的肉食捕猎者，能够通过这些漏洞进入到保护区的范围以内。

第一代“野”兔

就是在这里，托马斯 · 奥斯汀将最初的 24 只兔子放归山林，以致于它们的子孙后代几乎席卷了整个大陆。

悉尼歌剧院

悉尼，澳大利亚
建造历时：14 年（1959 年—1973 年）

悉尼歌剧院可以说是当今世界最具知名度的建筑物之一，也是澳大利亚最为著名的符号和象征。悉尼歌剧院矗立在悉尼湾的一个海角处，其白色的船帆状屋顶结构，与该地区极为浓厚的海洋气息无比的协调。值得一提的是，悉尼湾也正是首批来自欧洲大陆的定居者在澳大利亚登陆的地方。

建筑师

1957 年，丹麦建筑师约恩·乌特松如愿击败了其他 232 名设计师，最终成功地拿到了悉尼歌剧院的设计资格。当时，约恩·乌特松的奖金是 1.5 万澳大利亚镑（当时该国的流通货币，于 1966 年 2 月 14 日停止使用）。

在悉尼歌剧院建设施工期间，约恩·乌特松受到了来自于澳大利亚公共工程部某位政治家的强烈批评，在那之后他辞去了该项目总设计师的职务。工程完工后，约恩·乌特松从未参观过悉尼歌剧院。

2003 年，约恩·乌特松获得了普利兹克奖，那是建筑领域的世界顶级奖项之一。

世界遗产

2007 年，悉尼歌剧院被联合国教科文组织列入了世界遗产名录。

大管风琴

大管风琴是世界上最大的机械管风琴，它由 10244 根风管共同组成。

音乐厅

这是悉尼歌剧院七个场馆中最大的一个，它可以容纳 2679 名观众。

设计

悉尼歌剧院以表现主义风格进行设计，迄今为止，它也被世界各国人民广泛认为是全球最具标志性的建筑物之一。

错误的估计

$

悉尼歌剧院的建造成本，从最初预计的 700 万澳元飙升至了 1.02 亿澳元；其建设周期，也从之前计划的 4 年延长到了 14 年。

意外的“首秀”

1960 年，保罗·罗伯森成为在悉尼歌剧院表演的第一人，当时他爬上了该座建筑，并且为在场的工人们演唱了《老人河（Ol' Man River）》。

正式亮相

1973 年，英国女王伊丽莎白二世出席并主持了悉尼歌剧院的官方启用仪式。截止到现在，伊丽莎白二世造访过 5 次悉尼歌剧院。

地基

悉尼歌剧院的设计方案，需要将 588 根混凝土柱打入到海平面以下 25 米（82 英尺）的土壤中。

游客人数

每年有超过 800 万名游客参观、游览悉尼歌剧院。

场馆

悉尼歌剧院总共有 6 个室内场馆、5738 个座席。

活动、演出数量

每年约有 1500 场活动、演出在悉尼歌剧院进行。

阿诺 · 施瓦辛格

1980 年，阿诺 · 施瓦辛格在悉尼歌剧院赢得了自己第 7 个“奥林匹亚先生”的头衔，那也是他最后一次获此殊荣。

温度调节

只有在 22.5 摄氏度（72.5 华氏度）的温度条件下，乐器才能够发出最为美妙的声音，管弦乐队也因此而能够表现出他们的最高水平。为了将温度控制在最佳状态，悉尼歌剧院内铺设了长达 35 千米的控温管道。

贝壳

悉尼歌剧院有着极具辨识度的屋顶结构，“贝壳”是其常用的昵称。

屋顶瓦

悉尼歌剧院的屋顶，总共使用了 1056006 片屋顶瓦，所有这些瓦片都是由瑞典的供应商提供的。

67 米（219 英尺）

185 米（607 英尺）

悉尼湾

悉尼湾位于塔斯曼海的入口。1788 年，英国殖民者在这里建立了一个流放殖民地，那也是这块大陆上的第一个殖民地。

便利朗角

悉尼歌剧院位于曾经的便利朗角。1788 年，英国第一次在澳大利亚设立大陆殖民地，当时伍拉拉瓦雷·便利朗是一位土著老人，他住在便利朗角，并且扮演了英方与当地土著之间的中间人角色。便利朗角便是以伍拉拉瓦雷 · 便利朗的名字来命名的。

室外的“前院”

前院是悉尼歌剧院的露天广场，它与其他 6 个室内场馆一道，组成了该建筑群的 7 个表演场馆。

国际空间站总共由 16 个国家联合建造完成，这些国家是：比利时，巴西，加拿大，丹麦，法国，德国，意大利，日本，荷兰，挪威，俄罗斯，西班牙，瑞典，瑞士，英国以及美国。